透水桩柱丁坝水动力特性
——数值模拟研究

张 荣 陈永平◎著

河海大學出版社
HOHAI UNIVERSITY PRESS
·南京·

图书在版编目(CIP)数据

透水桩柱丁坝水动力特性：数值模拟研究 / 张荣，陈永平著. —南京：河海大学出版社，2023.12
ISBN 978-7-5630-8308-4

Ⅰ. ①透… Ⅱ. ①张… ②陈… Ⅲ. ①丁坝—水动力学—研究 Ⅳ. ①TV863

中国国家版本馆 CIP 数据核字(2023)第 152558 号

书　　名　透水桩柱丁坝水动力特性——数值模拟研究
TOUSHUI ZHUANGZHU DINGBA SHUIDONGLI TEXING——SHUZHI MONI YANJIU
书　　号　ISBN 978-7-5630-8308-4
责任编辑　张心怡
责任校对　卢蓓蓓
封面设计　张世立
出版发行　河海大学出版社
地　　址　南京市西康路 1 号(邮编:210098)
电　　话　(025)83737852(总编室)　(025)83722833(营销部)
经　　销　江苏省新华发行集团有限公司
排　　版　南京布克文化发展有限公司
印　　刷　广东虎彩云印刷有限公司
开　　本　718 毫米×1000 毫米　1/16
印　　张　6.75
字　　数　93 千字
版　　次　2023 年 12 月第 1 版
印　　次　2023 年 12 月第 1 次印刷
定　　价　49.00 元

前言
PREFACE

随着海岸侵蚀的加剧与生态文明建设意识的提高，对生态友好型海岸侵蚀防护建筑物的需求也日益增长。透水桩柱丁坝兼具海岸侵蚀防护与生态环境保护的功能，有广阔的应用前景。透水桩柱丁坝具有调整灵活的优点，对未来的气候变化具备更好的适应性，然而由于其构造简单，也更容易被冲毁破坏。虽然世界各地海岸对透水桩柱丁坝的使用有着悠久的历史，但是目前关于透水桩柱丁坝对海岸的防护效果是有争议的，这限制了透水桩柱丁坝的推广。造成这一棘手问题的根本原因在于透水桩柱丁坝缺乏科学的设计准则，人们对透水桩柱丁坝在波流环境中的水动力特性的认知不够完备，亟须深入研究。

本书通过应用波流数学解析模型，开展了透水桩柱丁坝影响下海岸水动力过程的数值模拟研究，系统分析了透水桩柱丁坝对波浪和水流时空分布特征的影响；阐明了透水桩柱丁坝透水率与其缓流效率之间的相关关系，提出了透水桩柱丁坝缓流效率的经验计算公式；对比了透水丁坝与不透水丁坝影响下的海岸水动力过程的差异；从缓流效率的角度，给出了优化透水丁坝布局的建议。本书的研究成果对于完善透水桩柱丁坝设计的理论基础、促进生态型海岸工程的应用与实践等具有重要的理论意义和应用价值。

本书的出版得到国家重点研发计划项目（2023YFC3008100）、国家自然科学基金青年科学基金项目（52201320）与中央高校基本科研业务费自由探索专项资助项目（B220202078）的资助，在此表示衷心感谢。

目录
CONTENTS

第一章

绪论

在全球气候变暖与海平面上升的背景下，海岸侵蚀的影响与危害不断加剧。海岸工程中，通常采用修建海岸防护建筑物的措施来防护脆弱的海岸线以避免海岸线蚀退。海岸丁坝是其中一种最为常见的水工建筑物。丁坝通常是垂直于海岸线布置的狭长的结构物，其作为一种水流屏障通过减缓沿岸流流速并拦截沿岸流输运的泥沙，促进泥沙在丁坝坝田内淤积，达到减缓海岸侵蚀并防护海岸的目的。

从透水率的角度，丁坝可分为不透水丁坝和透水丁坝。不透水的实体丁坝不允许水沙通过，会完全拦截沿岸泥沙输运，导致丁坝下游海岸由于缺乏来自上游的泥沙供给从而出现侵蚀的问题。反之，透水丁坝允许部分沿岸泥沙通过其空隙向下游输运以喂养下游的海滩，改善了不透水丁坝过度影响下游海滩泥沙供给的缺点。因此，海岸线对透水丁坝的响应是近似自然条件下的平直岸线形状，对不透水丁坝的响应则是上游淤积下游侵蚀的折线形状。此外，透水丁坝具有透水空间，可为水生动植物提供生息空间，降低工程对海岸生态环境的影响；并且，透水丁坝可以改善坝田内的水流流态，减缓坝头流速及局部冲刷，从而减轻丁坝水毁，延长丁坝的使用年限。近年来，在海岸防护的应用实践中，逐渐增加对海岸防护建筑物具有易于动态调整、可持续，以及对环境影响小的特征的需求，以应对由未来气候变化引起的环境变化以及满足海岸环境保护的要求。因此，运用透水丁坝防护海岸，可以达到减缓海岸侵蚀与保护环境协同增效的效果，具有广阔的应用前景。

透水丁坝可由预制有孔的混凝土结构、钢板或者有间距的桩柱群建造而成。其中，由木质圆桩丁坝组成的透水丁坝具有悠久的应用历史。但是，由于透水丁坝的相关设计准则尚不完善，因此限制了透水丁坝的广泛应用[1]。然而，由于透水桩柱丁坝易于建造、修缮和维护，并且占地面积更小，对下游海岸的泥沙供给影响更小，相比于其他结构更加具有优势，因此，透水桩柱丁坝在应用领域重新焕发生机，获得了日益增长的关注。透水桩柱丁坝作为一种经济的、灵活的、有应用前景的海岸保护措施，亟须更加深入地调查和研究[2-5]。

尽管透水桩柱丁坝的应用历史长达半个多世纪,但是针对透水丁坝消浪缓流作用机制的研究十分有限,缺乏科学的设计依据。本书的目的是通过开展数值模拟研究,阐明透水丁坝对海岸波浪与流场时空分布的影响规律。系统的数值模拟实验有助于为透水丁坝的设计准则提供科学依据,明确透水丁坝适用的水动力范围。

本书大纲如下:第一章阐述了研究背景,第二章阐述了研究进展。在第二章中详细总结了文献中关于透水桩柱丁坝在不同水动力条件下的作用。在第三章中,选择从实验室物理模型实验中观测得到的 4 个有代表性的数据集,验证了 SWASH(Simulating WAve till SHore)模型可精确地模拟由波浪引起的沿岸流时空分布的能力。这个实验数据集涵盖了在有沙坝海滩或平面海滩上由规则波和不规则波生成的沿岸流数据。在第四章中,在已验证的数值模型中添加透水丁坝的影响,模拟透水丁坝与沿岸流的相互作用,并将数值模拟结果与实验观测数据进行了比较。数值模拟提供了透水丁坝影响下的详细的局部波流场信息。在第五章中,将经过验证的模型用于研究在不同的波浪工况条件下由不同的透水丁坝布局引起的波流场时空分布的差异。在第六章中,总结了每一章的内容,最后呈现了对进一步研究波流-透水丁坝相互作用与透水丁坝设计的展望。

第二章

研究进展

2.1 沿岸流

由斜向入射波破碎产生的沿岸动量通量导致的沿岸方向流动的水流被定义为沿岸流[6-8]。最早对沿岸流研究的回顾工作由 Galvin 和 Eagleson[6] 与 Basco[8] 开展。沿岸流和相关的沿岸泥沙输运在海岸剖面演变和海岸线变化中起到重要作用。沿岸流理论的发展始于辐射应力概念[9] 的提出[10,11]，并在此基础上不断完善。基于辐射应力概念的沿岸流理论具备沿水深平均和波浪周期平均的性质，但无法解析得到波浪周期内的瞬时沿岸流速度和沿岸流速度的垂向剖面。在稳态条件下，沿岸流驱动力辐射应力由底部摩擦力和侧向摩擦力平衡。然而，由于缺乏不同水动力条件下的沿岸流数据，阻碍了发现新现象与验证新理论的进展。

Basco[8] 指出，至今尚未得到被普遍接受的用于计算现场观测的时均沿岸流的时间分辨率。这使得现场测量的沿岸流数据在空间和时间上呈现出变化的特点，从而引发了如何正确使用现场数据验证理论模型和确定模型系数的讨论。因此，在使用现场观测的沿岸流数据时，需要特别注意用于计算时间平均值的时间分辨率。此外，在比较实验室测量的沿岸流数据时，还应分析沿岸流的沿岸均匀性。由于沿岸流的产生与发展受限于波浪港池的几何形状，且易受到港池中再循环水流的影响[11]，因此这些因素对沿岸流均匀性的影响也需要加以考虑。目前，高精度和高分辨率的沿岸流测量数据非常有限，这仍然是实现沿岸流的可靠预测与精确验证时需要面临的挑战。

2.2 海岸透水丁坝

透水丁坝已被广泛用于减缓沿岸流流速和减少沿岸流输运的泥沙，以保护海滩免受侵蚀。丁坝通常从海岸线延伸至低水位线或冲浪区。由于透水丁坝轴线方向与入射波浪方向之间的夹角很小，对入射波浪能量的衰减影响很小，因此透水丁坝主要影响沿岸泥沙输运，几乎不衰减入射波能量。鉴于透水丁坝的透水性，可将透水丁坝分为透水型和不透水型。实心丁坝，通常由鹅卵石、混凝土板或其他固体材料制成，可视为不透水丁坝。不透水丁坝拦截沿岸流和沿岸泥沙输运，会导致泥沙在不透水丁坝上游堆积，不透水丁坝下游由于缺乏泥沙供给进而出现侵蚀。因此，海岸线对不透水丁坝的响应呈锯齿形。为减小不透水丁坝对下游海岸的负面影响，可以采用缩短丁坝长度的方法，但这会牺牲缓流效率；另一种较优的方法是增加丁坝的透水率，使水沙能够通过丁坝的空隙流通。透水丁坝（见图 2.1）通常由木质圆柱或预制多孔混凝土单元构成。随着环境保护与景观保护需求的增加，过去的木质透水丁坝正在重新焕发应用生机。木质透水丁坝由成排的桩柱组成，具有安装更简便、成本更低、适应海滩变化的灵活性更高、对海滩景观的破坏更小及促成更均匀平直的海岸线等优点。因此，透水桩柱丁坝作为一种有效的海岸防护工程，在全球范围内得到了广泛的应用。虽然关于不透水丁坝对近岸波流的影响已有大量的研究，但是针对透水桩柱丁坝的水动力特性开展的研究相对较少[12]。相关研究的缺乏导致人们对透水丁坝水动力特性的理解是有限的。

图 2.1　透水桩柱丁坝群（左：德国波罗的海某处海岸，右：荷兰北海某处海岸）

现场调研的结果证实，通过运用透水桩柱丁坝，海岸线衰退得到有效遏制[4,13-15]；实验室中测量的数据显示，透水桩柱丁坝能够显著减缓沿岸流速度[4,5]。以佛罗里达州那不勒斯海滩为例，一项实验性透水丁坝项目的实施达到了预期效果，成功地稳定了海滩，并且未对邻近海岸产生不良影响[3]。在英格兰南部海岸进行的为期5年的海滩剖面演变监测的结果表明，透水桩柱丁坝群的建设导致工程区域海滩高程增长[14]。与没有透水桩柱丁坝的海岸相比，受透水桩柱丁坝影响的海滩剖面的主要响应特征是海滩高程的增长和从海岸线到海槽的海滩坡度的变缓。这表明波浪能在离岸更远的地方消散，波浪缓冲区扩展至更宽的范围，从而降低了每单位面积的波浪载荷，减轻了海滩侵蚀的压力[16]。类似地，1993年至1997年在波罗的海海岸进行的大规模实地调查结果显示，透水桩柱丁坝对海岸产生了积极影响，具体体现在：①海岸线向海显著推进；②海底平台高程持续增长；③近岸浅滩向海移动[4]。相较于透水桩柱丁坝对海岸水动力的直接影响，促进海岸淤积是透水桩柱丁坝对海岸的间接保护机制[4]。

据笔者所知，最早的在不同的水动力条件下开展的透水桩柱丁坝物理模型实验研究是由 Hulsbergen 和 ter Horst[5]进行的，他们对不同测试条件下沿岸流流速减小的程度进行了比较。实验中使用的透水丁坝模型长度是3.5 m或5 m，由单排桩或间距为8.5 cm的双排桩组成。水平方向和垂直方向的长度比尺都是1∶40。透水率随透水丁坝长度变化，平均透水率分别为短丁坝50%和长丁坝55%。主要结论以相对沿岸流速度的形式给出，即有透水丁坝沿岸流速度与无透水丁坝沿岸流速度的比值。在恒定水流和由波浪产生的沿岸流方向相同的条件下，相对沿岸流速度的降低小于纯水流条件下的降低。复合波流条件下沿岸流速度减小的差异归因于顺岸水流和由波浪产生的沿岸流的产生机制不同。斜入射波可以入射到丁坝区域并在透水丁坝区域内产生沿岸流。因此，一旦沿岸流速度被透水丁坝减缓，就会立即被入射的破碎波传递动量，并逐渐恢复速度，从而导致沿岸流速度的减小率小于纯水流条件下的减小率。

在海岸工程领域，第一代透水桩柱丁坝已被使用长达40年，对过去项目的评估重新引起了学者和工程师们对透水桩柱丁坝适用性的关注。由波罗的海沿岸透水桩柱丁坝导致的积极效果，即海岸线向海推进，鼓励学者们进一步研究优化透水桩柱丁坝的设计[12]。Trampenau 等[4]通过开展系统的物理模型实验来研究不同的透水桩柱丁坝配置参数对透水桩柱丁坝缓流性能的影响。该实验中，单排透水桩柱丁坝模型以相同的间距沿岸分布。物理模型实验的测试重点是在不同的水动力条件下透水桩柱丁坝不同的透水率参数和不同的相对丁坝长度（丁坝长度与波浪破波带宽度的比值）的影响。Trampenau 等[4]提出了一个临界透水率值，用来分辨透水丁坝为透水或不透水。实验结果表明，当透水率低于20%时，透水丁坝可以被视为不透水丁坝，起到引导水流方向将水流挑离岸线的作用；相反，如果透水丁坝透水率高于20%，则表明透水丁坝是透水的，起到减缓水流流速的作用。透水丁坝群内流场的主要相关特征见表2.1，包括相对沿岸流速度、最大相对沿岸流速度和最大相对裂流速度，以及相对水深变化率与丁坝透水率、丁坝长度、破波带宽度等参数的相关关系。

表 2.1 透水丁坝特征参数之间的相关关系[4]

参数	关系式
透水丁坝坝田内相对沿岸流速度 Re_v	$\mathrm{Re}_v = \dfrac{V}{V_0} = 1.03\tanh^{2.0}(2.4P)$
最大相对沿岸流速度 $\mathrm{Re}_{v,\max}$	$\mathrm{Re}_{v,\max} = \dfrac{V_{\max}}{V_0} = 4.7\dfrac{L_g}{x_b} - \left[\left(4.7\dfrac{L_g}{x_b} - 0.9\right)\tanh^2(2.4P)\right]$
最大相对裂流速度 $\mathrm{Re}_{rip,\max}$	$\mathrm{Re}_{rip,\max} = \dfrac{U_{\max}}{V_0} = \dfrac{L_g}{x_b}(1.8 - 2.7P + 0.86P^2)$
相对水深变化率 Re_h	$\mathrm{Re}_h = \dfrac{\Delta h}{H} = 0.54 - 0.79P + 0.25P^2$

注：V_0 为无丁坝的沿岸流速度，L_g 为丁坝长度，x_b 为破波带宽度，P 为透水丁坝透水率，Δh 为透水丁坝上下游水位差。$L_g/x_b=1$，波况为 $H=5$ cm，$\theta=30°$。

除物理模型实验外，数值模型也可用于有效地计算和预测在各种不同的水动力条件下，透水丁坝的水动力特征。Mulcahy[17]通过数值模拟得出结论，低透水率的透水丁坝显著减缓了沿岸流速度，但代价是强裂流出现在透水丁坝上游侧，这与在实验中发现的现象一致[4]。除了已证实的沿岸流可通过透水丁坝获得有效减缓外，透水丁坝的稳定性也得到了检验。相较于无丁坝，由透水丁坝引起的裂流会引起底床冲刷，致使天然海滩出现侵蚀[18]。

除了缓流功能，透水丁坝的生态功能也在现场观测中得到验证[3,26]。Sherrard 等[19]发现多孔的海岸防护结构内部可以为生物提供栖息空间，支持和促进生物多样性的发展。这一发现表明，透水丁坝不仅可以起到防护海岸的作用，还能为海岸生物提供栖息地。虽然透水丁坝的外表面容易受到恶劣环境的影响以及人类维护活动的干扰，但其内部空间为海岸生物提供了更为适宜的栖息环境，具有更高程度的物种多样性。此外，透水丁坝区域可以被视为一种天然的“海洋牧场”，季节性地孕育着丰富的野生牡蛎资源[20]。野生牡蛎的幼苗附着在透水丁坝桩上，从而促进当地水产养殖业的发展。

为了精确模拟近岸水域中透水丁坝的效应，对于沿岸流，必须准确地模拟波浪的传播和演化过程。目前针对透水丁坝水动力特性的研究较少，仅有少数物理模型实验和实地调查，通过数值模型模拟透水桩柱丁坝作用的研究则非常有限。因此，本书采用数值模拟的方法，旨在模拟不同水动力环境条件下透水丁坝的水动力特征。为了深入了解沿岸流随时间的变化过程，首选相位解析的波流模型进行分析。SWASH(Simulating Wave until Shore)模型是一个考虑了非静水压力影响的开源的相位解析波流模型。当网格垂直分辨率很高(10～20 层)时，SWASH 模型不仅能够准确捕捉波浪破碎的起始和耗散过程，而且计算效率也较高[21]。上述 SWASH 模型的优点促使我们进一步探索其在波-流-透水丁坝相互作用中的应用。本书将在第三章中详细介绍 SWASH 模型的控制方程。在第四章中，使用 SWASH 模型模拟了沿岸流和透水桩柱丁坝的相互作用。随后，采用经过验证的模型进一步研究了不同波浪条件下透水桩柱丁坝的水动力特性。通过这些探索，本书旨在深入探究透水桩柱丁坝在不同水动力环境下的消波缓流机理。通过对模拟结果的分析，有助于更好地理解透水桩柱丁坝的水动力特征，为透水丁坝的设计优化提供科学依据。

第三章

波生沿岸流的数值模拟

3.1 背景介绍

由斜向入射的破碎波产生的沿岸流在推动沿岸泥沙输运和改变海岸地貌方面起着重要的作用。随着辐射应力概念的引入[7,9,22]，沿岸流理论取得了重要进展。在提出的沿岸流数学模型中，最简单的是一维基于在规则波入射条件下平面海滩上沿岸方向动量通量守恒的模型。在稳态和沿水深平均模式下，沿岸流驱动力与底部摩擦力和横向摩擦力平衡。尽管整个破波带内的平均沿岸流速度可以被准确预测，沿岸流速度的横向分布依然很难确定，因为它高度依赖于未被完全理解的横向混合机制。

为了研究沿岸流的生成与发展机制，已在过去开展大量的现场调查和模型实验工作。早期的测量通常仅限于破波带整个宽度范围内的最大沿岸流速度或沿破波带宽度平均的沿岸流速度，未揭示沿岸流速度的横向分布。Galvin 和 Eagleson[6]沿几个垂直海岸剖面进行测量，首次获得了沿岸流速度横向分布的数据，这些数据被广泛用于测试与验证沿岸流理论。同时，沿岸流沿岸的不均匀也应被仔细考虑[23]。为避免沿岸流沿岸不均匀，Visser[11,24-27]开展了具有代表性的高度控制沿岸流均匀性的物理模型实验。Visser 发现，当港池内造波机附近平底区域的回流最小时，沿岸流是近乎沿岸均匀的。据此，Visser 引入了一种由水泵驱动的主动外部再循环系统，以尽量减少港池内的环流。鉴于沿岸流的沿岸均匀性被有效控制，这些数据集已被用作研究沿岸流理论和验证数值模型的基准数据集[28-32]。上述实验设置保证了波浪港池内产生沿岸均匀的沿岸流，该设置也被 Hamilton 和 Ebersole[33]在实验中采用。此外，一个独特的、未被公开发表的通过大型户外实验室获得的波生沿岸流的实验数据集[5]被作为一个有价值的附加数据集，用于分析和验证沿岸流理论及模型。除了上述平面海岸上的沿岸流实验，Reniers

等[34]开展了地貌更复杂的沙坝海岸上的沿岸流实验。

经由上述实验获得的沿岸流测量结果为验证和校准数值模型提供了一个高质量的数据集。本章的主要目的是验证考虑非静水压力的波相位解析的波流数值模型 SWASH 模拟波浪驱动沿岸流的空间分布的能力。一个经过证明(验证或校准)的模型可用于设计硬质或软质的海岸防护措施以及部署实验中的测量仪器等。此外,本章引入了一个非常简化的一维模型,用于探索波浪驱动沿岸流背后的物理过程并与 SWASH 模型进行对比。

本章的工作中,在波流数值模型 SWASH 中使用默认参数建立了模型,验证该模型在实验室条件下模拟由波浪引起的沿岸流的精度。在 3.2.1 小节中,给出了 SWASH 模型的控制方程;在 3.2.2 小节中描述了简化的一维模型;在 3.2.3 小节中介绍了所选实验数据集的实验配置。在 3.3 节中展示了 SWASH 模型模拟沿岸流的结果,并将其与一维模型的计算结果进行了比较;最后,在 3.4 节中展开讨论,并在 3.5 节中给出本章小节。

3.2 研究方法

3.2.1 SWASH 相位解析波流数值模型

SWASH[35]是一种可以模拟不稳定的考虑非静水压力自由水面的波流模型,在沿海水域被广泛应用。控制方程是包含非静水压力效应的非线性浅水方程。三维的局部连续性方程和动量方程如下:

$$\frac{\partial u}{\partial x}+\frac{\partial v}{\partial y}+\frac{\partial w}{\partial z}=0 \tag{3.1}$$

$$\frac{\partial u}{\partial t}+\frac{\partial uu}{\partial x}+\frac{\partial uv}{\partial y}+\frac{\partial uw}{\partial z}+\frac{1}{\rho}\frac{\partial p_h+p_{nh}}{\partial x}=\frac{\partial \tau_{xx}}{\partial x}+\frac{\partial \tau_{xy}}{\partial y}+\frac{\partial \tau_{xz}}{\partial z} \tag{3.2}$$

$$\frac{\partial v}{\partial t}+\frac{\partial vu}{\partial x}+\frac{\partial vv}{\partial y}+\frac{\partial vw}{\partial z}+\frac{1}{\rho}\frac{\partial p_h+p_{nh}}{\partial y}=\frac{\partial \tau_{yx}}{\partial x}+\frac{\partial \tau_{yy}}{\partial y}+\frac{\partial \tau_{yz}}{\partial z} \quad (3.3)$$

$$\frac{\partial w}{\partial t}+\frac{\partial wu}{\partial x}+\frac{\partial wv}{\partial y}+\frac{\partial ww}{\partial z}+\frac{1}{\rho}\frac{\partial p_h+p_{nh}}{\partial z}+g=\frac{\partial \tau_{zx}}{\partial x}+\frac{\partial \tau_{zy}}{\partial y}+\frac{\partial \tau_{zz}}{\partial z} \quad (3.4)$$

其中，u 和 v 是 x 与 y 方向上的速度分量，x 代表垂直岸线方向，y 代表平行岸线方向。自由水面 $\zeta(x,y,t)$ 与底面 $z=-\mathrm{d}(x,y)$ 限制了水体边界。静水压力被显式表达为 $p_h=\rho g(\zeta-z)$，因此 $\partial_x p_h=\rho g\,\partial_x\zeta$，其中 ∂_x 代表沿 x 方向的偏微分，则 $\partial_y p_h=\rho g\,\partial_y\zeta$，$\partial_z p_h=-\rho g$。$p_{nh}$ 是非静水压力项。τ_{ij} 是湍流应力，其中 i 与 j 代表坐标方向。方程(3.1)是局部连续方程，方程(3.2)～方程(3.4)是动量守恒方程。

自由表面和底部的运动学边界条件为：

$$w|_{z=\zeta}=\frac{\partial\zeta}{\partial t}+u\frac{\partial\zeta}{\partial x}+v\frac{\partial\zeta}{\partial y} \quad (3.5)$$

$$w|_{z=-d}=-u\frac{\partial d}{\partial x}-v\frac{\partial d}{\partial y} \quad (3.6)$$

将局部连续性方程(3.1)沿水深积分，并代入表面和底部的运动学边界条件式(3.5)和式(3.6)，得到全局连续性方程：

$$\frac{\partial\zeta}{\partial t}+\frac{\partial}{\partial x}\int_{-d}^{\zeta}u\,\mathrm{d}z+\frac{\partial}{\partial y}\int_{-d}^{\zeta}v\,\mathrm{d}z=0 \quad (3.7)$$

其中，t 是时间，ζ 是自由表面高程，$z=-d$ 是底部，d 是静水深度。

底部的动态边界条件受限于底部摩擦。底部摩擦应力基于二次方摩擦定律 $\tau_b=C_f\frac{U|U|}{h}$，其中 $h=\zeta+d$ 是总水深，U 是水深平均速度，C_f 是无量纲摩擦系数。在自由表面，假定大气压为零（$p_h=p_{nh}=0$），不考虑表面应力。

湍流应力是根据涡黏闭合方程给出的。水平黏度和垂直黏度分别由Smagorinsky模型[36]和 $k-\varepsilon$ 模型[37]计算。针对SWASH模型及其数值格式的全面描述，可参考Smit等[21]、Zijlema等[35]和Rijnsdorp等[38]的研究。SWASH模型已被广泛验证和应用，例如，Rijnsdorp等[38]评估了SWASH模型模拟次重力波的水动力特征，并与水槽实验的观测结果进行了对比；De Bakker等[39]设计了一项数值模拟研究，使用SWASH模型研究波之间的非线性能量传递，特别关注了海滩坡度对非线性次重力波相互作用的影响；Suzuki等[40]验证了SWASH模型预测不透水海岸结构的越浪，并与物理模型实验数据进行对比验证。

3.2.2　一维相位平均的波流数值模型

一维模型包括水深平均的波浪模型和水流模型。波浪模型是基于垂岸方向的波浪能量平衡方程，包含水滚效应。波浪破碎发生在波峰附近，波峰表层形成的混乱水体被称为水滚。表面水滚模型假设水滚的水平速度和波浪的相速度相同，水滚和下面的波峰面之间的剪切摩擦是波浪破碎能量损失的主要因素。引入水滚模型可以准确捕捉最大沿岸流速度的横向位置。水流模型是基于沿岸方向的动量平衡方程。相对于多层模式下相位解析的SWASH模型，一维模型不解析自由水面和水流垂直结构。因此，一维模型是一个非常简化的模型，但包含波生沿岸流背后的基本物理过程。将一维模型与SWASH模型进行比较可揭示出包含物理上更复杂过程的方法是否更为精确。

3.2.2.1　波浪模型

决定波浪动力学的控制方程是波能守恒方程：

$$\frac{\mathrm{d}}{\mathrm{d}x}(E_w c_g \cos\theta) = \varepsilon_w \tag{3.8}$$

其中，x 表示垂直海岸方向，E_w 是波浪能，ε_w 是由波浪破裂和底部摩擦引起的波浪能量耗散率，c_g 是波群速度。与主要的破波耗散相比，底部摩擦耗散可以忽略不计，除了在非常浅的波浪爬高区域[10]。对于单色波，可使用线性波理论，波能量用波高表示为：

$$E_w = \frac{1}{8}\rho g H^2 \tag{3.9}$$

波群速度 c_g 可描述为：

$$c_g = c(\frac{1}{2} + \frac{kh}{\sinh 2kh}) \tag{3.10}$$

波能量耗散率 ε_w 可由水滚模型计算[41]：

$$-\varepsilon_w - \frac{\mathrm{d}}{\mathrm{d}x}(2E_r c\cos\theta) = c\,\tau_r \tag{3.11}$$

其中，τ_r 是水滚和水界面之间的剪切应力，对于稳定的水滚[42]：

$$\tau_r = \rho_r g \sin\beta \cdot \frac{A}{L} \tag{3.12}$$

其中，A 是水滚的横截面积，β 是波前锋面斜率，L 是波长。ρ 代表水滚的密度，一般小于海水密度，因为水波表面夹带空气。此处，$\rho_r \approx \rho$，在水滚面积 A 减小时水滚质量保持为常数。

方程(3.11)的第二项是水滚能量通量的梯度，水滚能量 E_r 遵循 Svendsen[43]给出的定义：

$$E_r = \frac{1}{2}\rho_r c^2 \frac{A}{L} \tag{3.13}$$

波高演变使用了由 Thornton 和 Guza[10]提出的方程。波浪耗散由经典的周期性水涌耗散函数表示：

$$\varepsilon_w = \frac{f}{4}\rho g \frac{(BH)^3}{h} \tag{3.14}$$

其中,B 表示破波耗散与水滚耗散的偏差。

平均波浪能量耗散率由(3.15)式计算:

$$\langle \varepsilon_w \rangle = \frac{\overline{f}}{4}\rho g \frac{B^3}{h}\int_0^\infty H^3 \ p_b(H)\mathrm{d}H \tag{3.15}$$

其中,p_b 是破碎波分布的概率密度。

由 Thornton 和 Guza[10]提出的模型通过权重函数修改了随机波波高的瑞利分布,破碎波耗散如下式:

$$\langle \varepsilon_w \rangle = \frac{3\sqrt{\pi}}{16}B^3\overline{f}\rho g \frac{H_{\mathrm{rms}}^3}{h}M\left\{1-\frac{1}{\left[1+\left(\frac{H_{\mathrm{rms}}}{\gamma h}\right)^2\right]^{5/2}}\right\} \tag{3.16}$$

$$M = 1+\tanh\left[8\left(\frac{H_{\mathrm{rms}}}{\gamma h}-1\right)\right] \tag{3.17}$$

其中,H_{rms}是均方根波高,γ 是破波指数,B 表示破波强度。B 通常为 1 的数量级,但一些学者认为经典的水跃假设低估了破波耗散[10,44],B 实际应大于 1。Thornton 和 Guza[10]将模拟结果与实验室和现场数据进行拟合,得出 B 的校准值范围在 0.8 和 1.7 之间。

沿岸方向的波浪辐射应力由式(3.18)给出:

$$S_{xy,w} = E_w \frac{c_g}{c}\cos\theta\sin\theta \tag{3.18}$$

假设一个沿岸均匀的海岸,沿岸流是由沿岸波浪辐射应力的横向梯度驱动的,包含水滚的贡献:

$$F_y = -\frac{\sin\theta}{c}\frac{\mathrm{d}}{\mathrm{d}x}(E_w c_g\cos\theta + 2E_r c\cos\theta) \tag{3.19}$$

3.2.2.2 水流模型

沿岸方向的水流根据沿岸动量守恒方程计算。上述沿岸流驱动力由底部摩擦力和横向摩擦力平衡。在本模型中,考虑沿水深平均的模式。

底部摩擦应力由二次定律确定：

$$\tau_b = \rho C_f < V|\vec{U}| > \tag{3.20}$$

其中，V 是水深平均沿岸流速度，$\vec{U}$ 是瞬时总水平速度矢量，C_f 是摩擦系数。

$$C_f = \frac{g}{C^2} \tag{3.21}$$

$$C = 18\log\left(\frac{12h}{k_s}\right) \tag{3.22}$$

其中，k_s 为粗糙度。

当沿岸流速度远小于波浪水质点轨迹运动速度时，底部摩擦应力可以被线性化表达为[45]：

$$\tau_b = \frac{2}{\pi}\rho C_f u_m V(1+\sin^2\theta) \tag{3.23}$$

其中，u_m 是总的速度方差。

$< V|\vec{U}| >$ 项的参数化采用由 Wright 和 Short[46]提出的经验公式表达：

$$< V|\vec{U}| > = \sigma_t V\left[\alpha^2 + \left(\frac{V}{\sigma_t}\right)^2\right]^{\frac{1}{2}} \tag{3.24}$$

关于其中的参数 α，Feddersen 等[47]给出的最优值为 1.16。

控制沿岸流的波浪周期平均与水深平均的沿岸动量方程为

$$\tau_b = F_y + \rho\frac{\mathrm{d}h\,\tau_{xy}}{\mathrm{d}x} \tag{3.25}$$

其中，τ_{xy} 是水平紊动应力。

$$\tau_{xy} = \nu_t\frac{\mathrm{d}V}{\mathrm{d}x} \tag{3.26}$$

其中，ν_t 是涡流黏性系数。

3.2.3　实验室实验

（1）Visser 的实验

Visser[24]开展了一系列物理模型实验来测量波生沿岸流的空间分布。为了实现沿岸流的沿岸均匀性，Visser [24]在实验中设计了一种主动循环系统，利用水泵调整流量以最小化港池内的回流。这种高质量的回流控制使这些实验数据成为校准和验证数值模型的理想数据集之一。该实验中，选取坡度为1∶20的光滑水泥表面的海岸上两种规则波工况进行模拟，即 Visser 开展的实验 4 和实验 5(分别简称为 V91_C4 和 V91_C5)。波浪参数总结在表 3.1 中。下标“1”指的是造波机位置。海岸横向剖面如图 3.1(a)所示。

表 3.1　实验参数

实验组次	波浪	$H_1(m)$	$T_1(s)$	$\theta_1(°)$	岸坡	$d_1(m)$	$L_1(m)$	H_1/L_1	H_1/d_1	k_1d_1	海岸类型
V91_C4	规则波	0.078	1.02	15.4	1∶20	0.350	1.46	0.053	0.22	1.51	平面
V91_C5	规则波	0.071	1.85	15.4	1∶20	0.350	3.19	0.022	0.20	0.70	平面
H01_6N	规则波	0.182	2.50	10.0	1∶30	0.667	5.94	0.031	0.27	0.71	平面
H73_W	规则波	0.030	1.04	15.0	1∶35	0.300	1.45	0.021	0.10	1.30	平面
R97_SA243	规则波	0.080	1.00	30.0	1∶20	0.550	1.53	0.052	0.15	2.26	有沙坝
R97_SO014	不规则波	0.070	1.20	30.0	1∶20	0.550	2.09	0.034	0.13	1.65	有沙坝

（2）Hamilton 和 Ebersole 的实验

另一个验证数据集是由 Hamilton 和 Ebersole [33]在大型泥沙输运港池(LSTF)中测量得出的波生沿岸流数据集。光滑的混凝土海岸坡度为 1∶30，见图 3.1(b)。本章模拟了该实验中的规则波工况组次 6N，简称为 H01_6N。与 Visser[24]开展的实验相似，该实验使用了一个多泵系统用来优化沿岸流的沿岸均匀性。

（3）Hulsbergen 等的实验

Hulsbergen 等[5]的实验目的是研究透水桩柱丁坝与波浪驱动的沿岸流

之间的相互作用。由于其中的基准工况是没有丁坝作用的，故提供了额外的可用于验证或校准的数据集。该实验是在荷兰代尔夫特水力研究所的一个波浪港池中进行的。该实验中，水深等深线平行于海岸线；波高 $H=0.03$ m、波周期 $T=1.04$ s 的规则波以 15°斜向入射角向海岸传播。

（4）Reniers 和 Battjes 的实验

Reniers 和 Battjes[34]在无沙坝海岸和有沙坝海岸模型上开展了波浪驱动的沿岸流的物理模型实验。如前所述的 4 组实验都是关于无沙坝的平面斜坡海岸，因此选择该实验中的沙坝海岸工况，沙坝海岸剖面见图 3.1(d)。选择在规则波下的 SA243 和在不规则波下的 SO014 两个实验组次进行模拟(简称为 R97_SA243 和 R97_SO014)。沙坝高约 10 cm，坡度为 1∶8。平面海岸向海坡度为 1∶10，向岸坡度为 1∶20。造浪机处的水深为 0.55 m。波浪参数列于表 3.1 中。

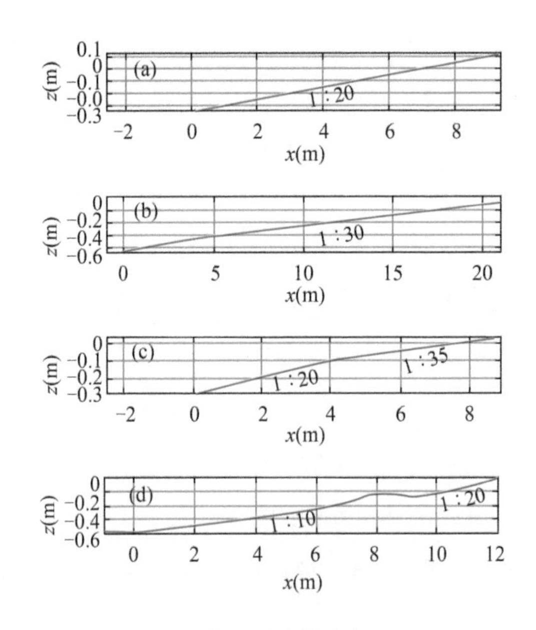

图 3.1　各实验中的海岸剖面：
(a) Visser (1991)；(b) Hamilton 和 Ebersole (2001)；
(c) Hulsbergen 等 (1973)；(d) Reniers 和 Battjes (1997)

3.3 模拟结果

3.3.1 V91 实验

为验证 SWASH 模型模拟波生沿岸流的能力，通过数值模拟实验模拟了 Visser[24]实验中的工况 4 和工况 5，并进行了对比。将模型中的垂向网格分为 20 层，垂向网格分辨率足以用于解析波流的垂直结构。为了在计算方面实现更高的效率，采用了亚网格方法[31]，即在较粗的 4 层网格上计算垂向加速度和压力梯度，剩余的波和平均水流动力在较细网格上计算。这种双网格系统大大减少了计算时间的数量级。亚网格方法的验证结果表明，亚网格模拟结果与完全解析模拟结果相当[31]。

(1) 工况 V91_C4

对于 V91 实验中的工况 4，时间步长设置为 $\Delta t = 0.005$ s，网格横向分辨率设置为 $\Delta x = 0.03$ m，沿岸方向网格分辨率设置为 $\Delta y = 0.044$ m(总共 400×128 个网格单元)。在开放边界产生斜入射的规则波，波周期为1.02 s，波幅为 0.039 m，入射角为 15.4°。使用了周期性横向边界条件，以限制无界海滩的长度。在实验室实验中，底部由光滑的混凝土制成。关于粗糙高度值，Visser[11]建议平滑混凝土底部的粗糙高度为 0.001 m，Reniers 等[34]建议为 0.000 5 m，Rijnsdorp 等[31]则提出为 0.000 4 m。对于模拟的实验，将粗糙高度 $k_s = 0.0005$ m 作为默认值，由于其完全在默认范围内，所以只是验证而不是校准粗糙高度。

在 150 s 的持续计算后，流场达到稳定状态(如图 3.2 所示)，表明在 $t = 120$ s 和 $t = 150$ s 时，沿岸流流速剖面之间的差异相对较小。在图 3.3 中，展示了计算的瞬时水位和沿水深平均且相位平均的沿岸流速度。随着波浪接近岸边，波浪发生变形，由水深变化进而引起变浅效应与方向折射。随后，一旦因水深限制导致波浪开始破碎，波浪高度就会下降。模拟结果显示，最大沿岸流速度的位置和最大波高的位置之间存在空间上的滞后。

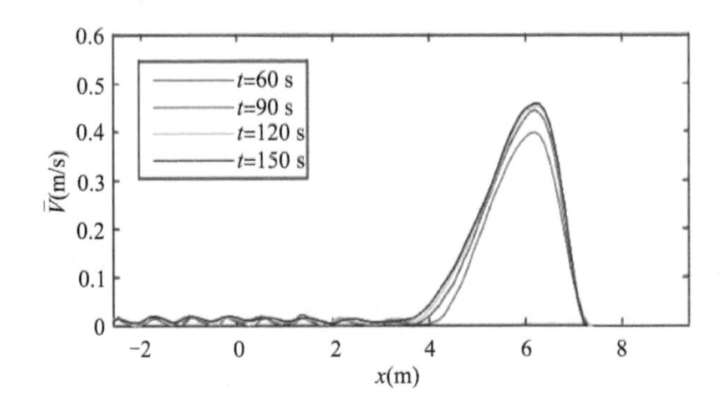

图 3.2　计算的沿岸流速度横向剖面

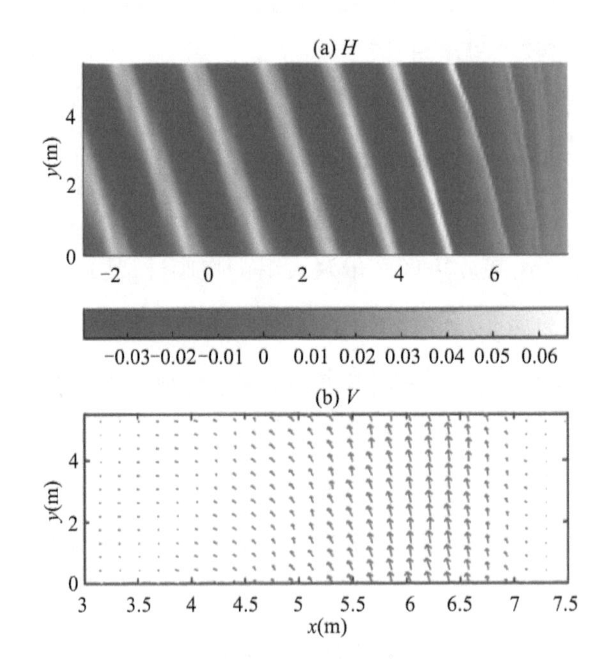

图 3.3　实验 V91_C4 (H=0.078 m, T=1.02 s, θ=15.4°)的瞬时计算结果

波高、平均水位和沿岸流的横向变化如图 3.4 所示。图中，蓝色实线表示数值计算结果，红色圆圈表示 V91 实验的测量结果。通过数值模拟成功地捕捉到波浪破碎点的正确位置。波浪在 $x=5$ m，离岸线（$x=7$ m）2 m 处开始破碎。在破波带内，波高被稍微高估了，这表明该模型可能略微低估了波浪能量耗散率。这种观察到的偏差与 Chen[30] 使用相位解析的 Boussinesq 模型进行模拟的结果相似。然而，计算的波浪增水和沿岸流流速与实测数据吻合得非常好。波浪增水的高估与计算的波高趋势一致，部分原因可能是对沿岸流速度的低估。

如图 3.4(c)所示，数值模型相当准确地预测了沿岸流的横向分布变化以及最大沿岸流速度的幅值和位置。总体而言，匹配良好的结果揭示了波浪破碎机理以及计算的能量通量在沿岸方向和横向方向的交换是准确的。

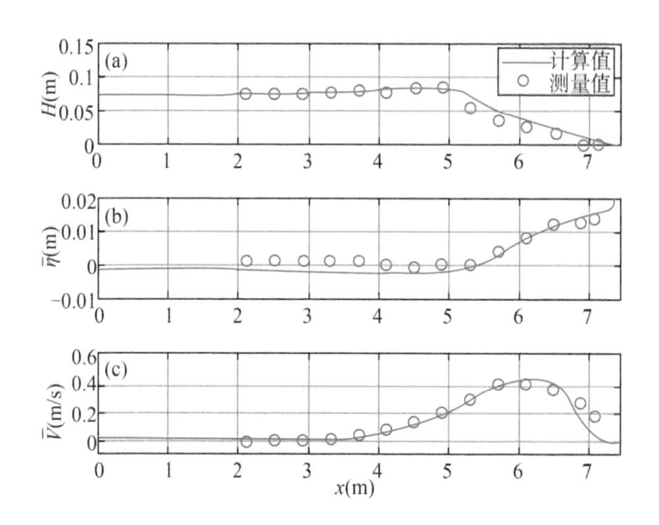

图 3.4　实验 V91_C4 ($H=0.078$ m, $T=1.02$ s, $\theta=15.4°$)的计算结果：(a) 波高变化；(b) 波浪增减水；(c) 沿岸流速度

(2) 工况 V91_C5

这个工况的波周期较长，为 1.85 s，则网格分辨率可以提高到 $\Delta x=0.05$ m和 $\Delta y=0.087$ m（总共有 240×140 个网格单元）。其他参数保持与工况 4 相同。计算的波高与实测数据几乎相同(图 3.5)。波浪开始在 $x=4.5$ m,离岸线($x=7$ m)2.5 m 处破碎。沿岸流速度与横向剖面模拟结果与实验结果相一致且吻合程度很高。

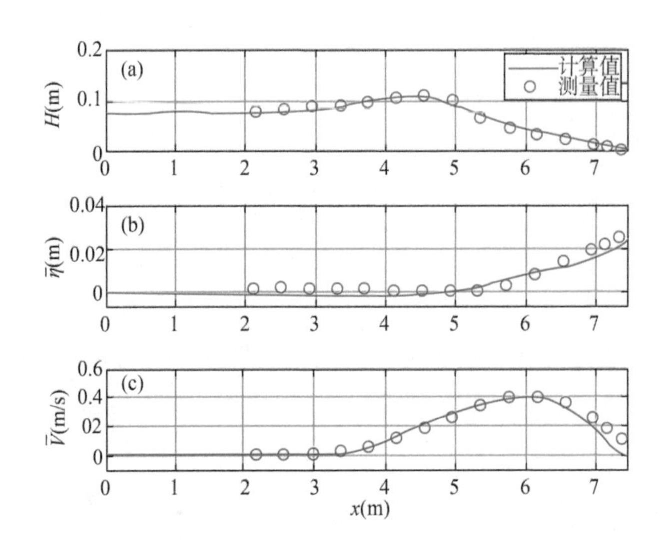

图 3.5 实验 V91_C5 ($H=0.078$ m, $T=1.85$ s, $\theta=15.4°$)的计算结果:(a) 波高变化;(b) 波浪增减水;(c) 沿岸流速度

3.3.2 H01_6N 实验

在这个实验工况的数值模拟中,时间步长设置为 $\Delta t=0.005$ s,网格分辨率设置为 $\Delta x=0.08$ m 和 $\Delta y=0.16$ m(总共 275×225 个网格单元)。粗糙高度设置为 $k_s=0.0005$ m,与默认值相同。网格垂直层数设置为 20 层,根据先前的模拟经验,此垂直网格分辨率足以解析沿岸流的垂直结构,较粗的压力亚网格则设置为 4 层。

模拟结果与测量数据的对比如图 3.6 所示。模拟计算准确地再现了波高变换。更精细的网格分辨率的数值模型预测最大波高出现在 $x=10.5$ m 处,介于实验测量的最大值 $x=9.48$ m 以及下一个超过 $x=10.5$ m 的测量点之间。波高横向变化与测量值吻合较好(图 3.6)。波浪破碎的位置、波浪增水和最大沿岸流速度均能够被准确计算。与 V91_C4 相似,在破波带内,波浪增水被轻微高估而沿岸流速度被轻微低估。H01_6N 和 V91_C4 的模拟结果与实验测量结果之间的偏离模式相似,部分是因为这两个工况波陡是相似的。

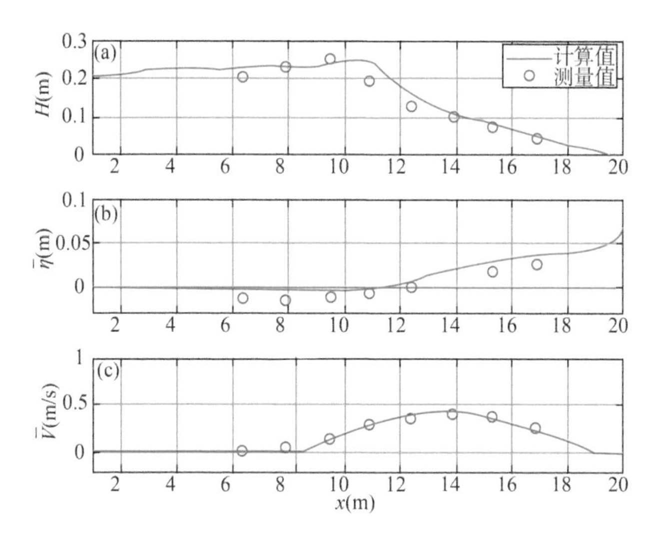

图 3.6　实验 H01_6N (H=0.182 m, T=2.5 s, θ=10°)的计算结果:
(a) 波高变化;(b) 波浪增减水;(c) 沿岸流速度

3.3.3　H73_W 实验

除了以上验证的 V91 和 H01 实验外,本小节选取从 Hulsbergen 与 ter Horst[5]的物理模型实验中获得的数据集验证本文中的数学模型。虽然他们的实验重点关注了透水丁坝与沿岸流的相互作用,但是他们的实验中仅波浪无丁坝的工况可被用来验证数学模型。

为了数值模拟该实验的结果,时间步长设置为 Δt=0.005 s,网格分辨率设置为 Δx=0.03 m 和 Δy=0.044 m(总共 380×128 个网格单元)。粗糙高度设置为 k_s=0.000 5 m,仍然在默认范围内。垂向网格分辨率为 20 层,其中压力网格设置为 4 层。

对于这个工况，计算的最大沿岸流速度为 0.14 m/s 出现在 x=6.5 m 处(图 3.7c)。计算的平均沿岸流速度与测量结果吻合较好，尽管存在轻微的低估。由于假设沿岸流沿水深方向是均匀分布的，而实验中通过漂浮在水体表面的浮体测量得到的沿岸流速度应该大于沿水深平均的沿岸流速度，因此这部分解释了对计算沿岸流速度的低估。计算的破波点出现在 x=5.5 m(图 3.7(a))，离岸线(x=7.5 m)2 m 处，与实验观测结果相符合。波高与波浪增水没有被测量，但是由于计算的沿岸流速度比波高和平均水位对模型参数设置更加敏感，所以可以认为计算的波高和平均水位也是准确的。计算的最大波浪增水达到0.009 2 m，与根据线性波浪理论计算得出的 0.007 5 m 接近。

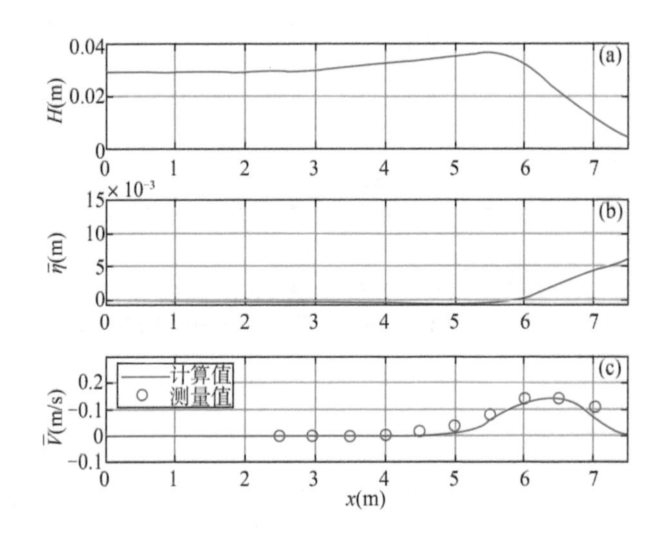

图 3.7　实验 H73_W (H=0.03 m, T=1.04 s, θ=15°)的计算结果

3.3.4　R97 实验

(1) 工况 R97_SA243

上述工况下的实验均是在斜坡海岸上开展的，Reniers 等[34]开展的在更复杂的包含沙坝的海岸剖面上进行的工况 SA243 也被进行了模拟计算，并将

R97_SA243 工况的数值模拟结果与实验结果进行对比。计算域包含在横向上的 440 个网格和沿岸方向上的 100 个网格内。其他参数设置与默认设置相同。

如图 3.8 所示，波浪破碎位置、波浪减水以及最大沿岸流速度均被准确地计算。当水深快速减小时，波浪开始破碎在沙坝向海侧的斜坡上。最大沿岸流速度出现的位置在空间上滞后于破波位置，出现在沙坝顶部上方。实测沿岸流剖面呈现出双峰形状，该形状也在数值模拟结果中得到了呈现，其中第一个峰值的位置在沙坝顶部，第二个峰值的位置靠近海岸线。由于第二个峰值位置的水深很浅(＜3 cm)，超出测量仪器的适用范围，所以第二个沿岸流速度峰值没有被直接测量[34]，但在实验中通过染料示踪进行了目测观察。

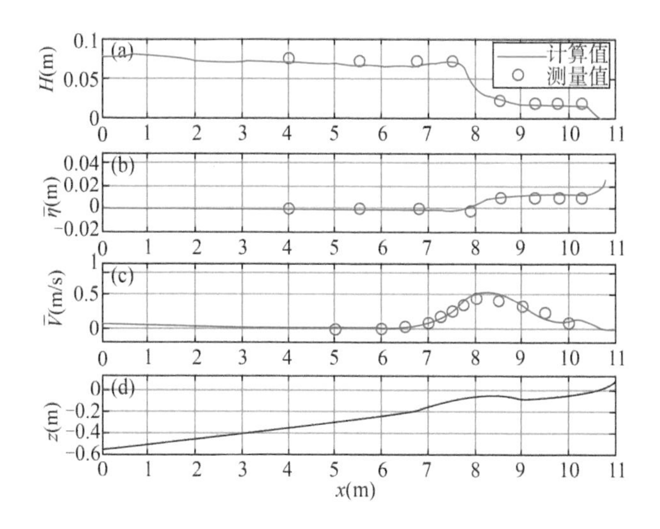

图 3.8　实验 R97_SA243 (H=0.08 m, T=1 s, θ=30°)的计算结果

(2) 工况 R97_SO014

与之前所有在规则波下测试的工况不同，工况 SO014 在不规则波浪条件下进行了测试。数值网格分辨率横向为 $\Delta x=0.041$ m，沿岸方向为 $\Delta y=0.084$ m。其他参数和设置保持与之前的模拟相同。如图 3.9 所示，模拟和测量的沿岸流速度符合很好。

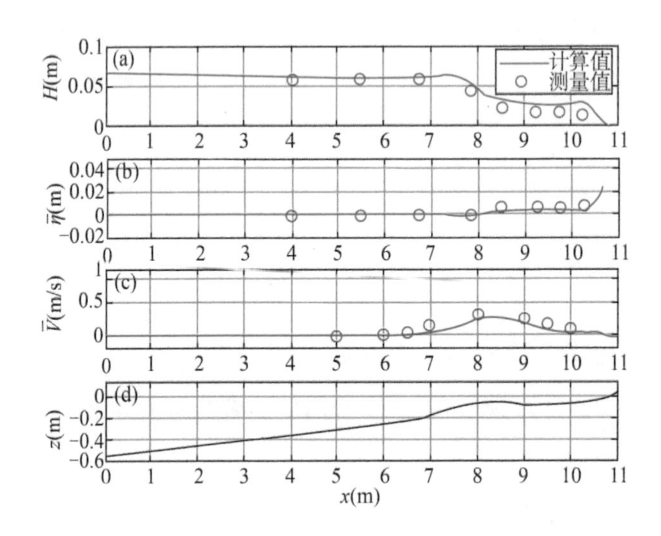

图 3.9　实验 R97_SO014 (H_s=0.07 m, T_p=1.2 s, θ=30°)的计算结果

3.4　沿岸流模拟结果分析

为了评估 SWASH 模型的计算结果，计算所有 6 个实验工况模拟结果的 3 个统计参数，即均方根误差（RMSE）、相对偏差和相关系数（R^2），将结果列于表 3.2 中。对于波高和沿岸流计算，均方根误差的值较小。所有相关系数均大于 0.97，显示出模拟结果与测量值之间的强相关性。对于本章研究中的沿岸流模拟，计算值和测量值的对比如图 3.10 所示。相对较小的均方根误差和强相关系数验证了 SWASH 波流模型仅使用默认设置参数即可准确模拟平面海岸与沙坝海岸上的沿岸流。然而，相对于其他算例，R97_SO014 算例模拟结果显示出更大的相对偏差，这表明在使用默认参数设置的条件下，SWASH 模型对于不规则波实验的模拟结果相对于规则波实验的模拟结果表现较差。

表 3.2　统计参数表

工况	H 计算结果		
	$RMSE$（m）	R^2	相对偏差(%)
V91_C4	0.008 6	0.979 8	9.08
V91_C5	0.005 6	0.993 1	1.16
H01_6N	0.018 8	0.972 8	5.25
R97_SA243	0.003 9	0.996 8	−6.34
R97_SO014	0.008 5	0.994 8	20.30
工况	$\bar{V}$ 计算结果		
	$RMSE$（m/s）	R^2	相对偏差(%)
V91_C4	0.041 5	0.970 0	−9.76
V91_C5	0.034 8	0.981 5	−11.33
H01_6N	0.039 6	0.987 1	−11.13
H73_W	0.019 5	0.970 7	−25.07
R97_SA243	0.058 2	0.959 3	5.55
R97_SO014	0.070 3	0.952 3	−38.69

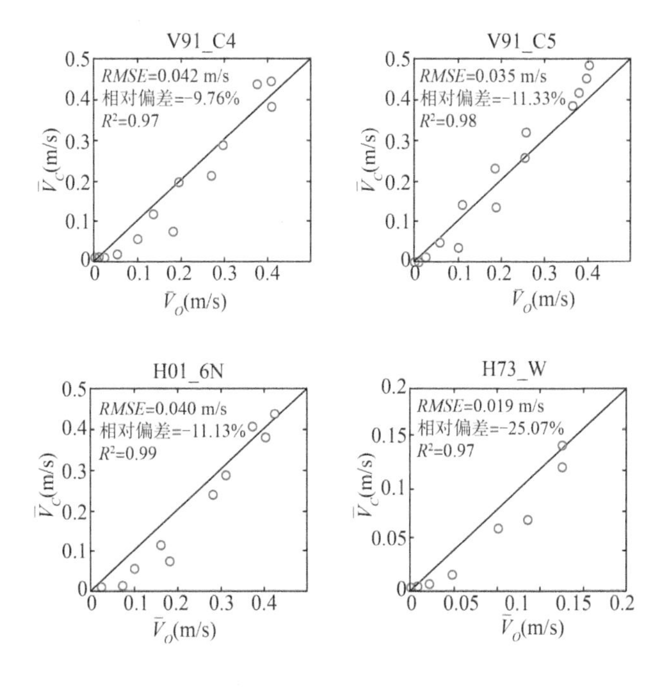

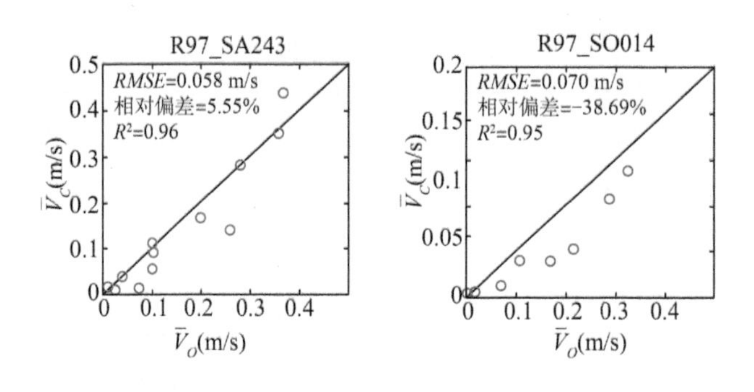

图 3.10　沿岸流速度的数值计算值 $\overline{V}_C$ 与实验观测值 $\overline{V}_O$ 的对比

3.4.1　沿岸流的垂向结构对比分析

根据可用的测量数据，只能验证 H01_6N 实验中沿岸流的垂直变化（见图 3.11）。计算出的沿岸流速度 $V(z)$与 5 个不同位置的观测值匹配较好，除了离岸线最近位置（$x=1.16$ m）处的观测值被低估。从最远的离岸线位置（$x=8.52$ m，$h=0.274$ m）到离海岸线第三近的位置（$x=4.12$ m，$h=0.149$ m），观测到的速度剖面几乎没有沿垂向变化（图 3.11）。因此，垂向剖面可以被视为沿水深均匀的。在更远的离岸线位置（$x=2.76$ m），湍流底部边界层占主导地位，垂向剖面从沿水深的均匀剖面变为对数剖面。

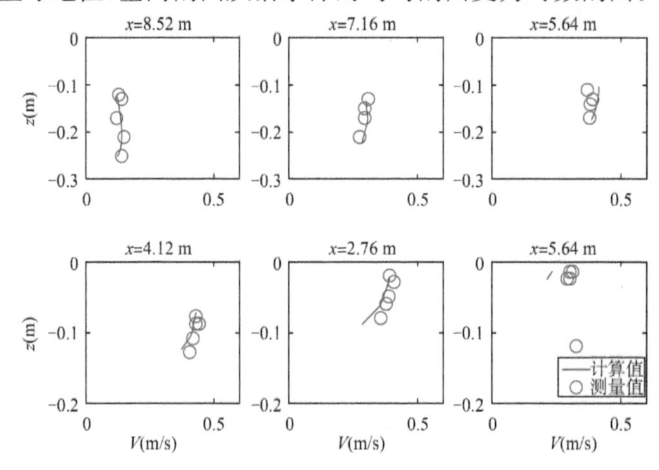

图 3.11　H01_6N 实验中的沿岸流速度 $V(z)$的垂向结构对比

为了研究其他 5 个实验的沿岸流垂向变化，通过数值模拟预测了标准化沿岸流$\overline{v}/c$ 随水深变化的趋势，如图 3.12 所示，其中 c 是局部浅水波速。图中垂向剖面位置的范围是冲浪区宽度的 0.4 到 1.4 倍，以 0.2 倍的宽度间隔增加。在 1.4 倍 x_b 处，所有情况下的沿岸流几乎为零。类似地，标准化的沿岸流速度在前 4 个实验的平面海滩上的破波带中达到最大值。由于靠近海岸线的底部摩擦力较大，导致上部水体的标准化沿岸流速度略大于底部附近的沿岸流速度，因此沿岸流垂向剖面会偏离沿水深均匀分布的剖面。在离岸线更远的位置，沿岸流速度的剖面几乎呈竖直分布，这证实了在规则波浪条件下的平坦海滩上，大部分破碎带内沿岸流速度具有沿水深均匀分布的特征。

Hamilton 和 Ebersole [33]与 Visser[24]的实验室实验结果，以及 Sandy Duck 的现场实验[48]观察结果相类似，表明沿岸流垂向剖面具有普遍的沿水深均匀的趋势。一个可能的原因是由破碎波引起的湍流向下注入，使沿岸流垂直分布变得沿水深均匀（例如，Svendsen 和 Lorenz[49]文献的图 1，Church 和 Thornton[50]文献的图 1）；另一个可能的原因是平均沿岸流和横向流相互作用造成的分散混合[51]。离散和湍流对沿岸流剖面垂向变化的强烈影响导致边界层不会随着波浪破碎而充分发育。模拟结果表明，在规则波浪条件下的平面海滩上，沿岸流垂向剖面通常表现为沿水深均匀的趋势。然而，当考虑到其他两个沙坝海岸的实验结果时（图 3.12），发现在随机波浪条件下(R97_SO014)，沿岸流速度垂向剖面比在规则波条件下(R97_SA243)沿水深分布更加均匀。但沿岸流的垂向剖面在沙坝顶部上方呈对数分布。

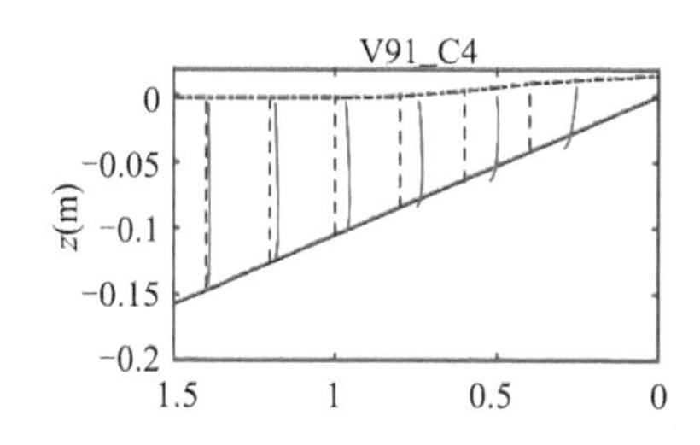

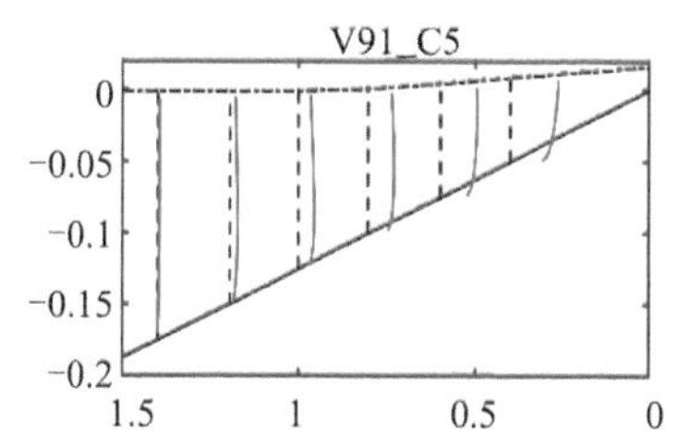

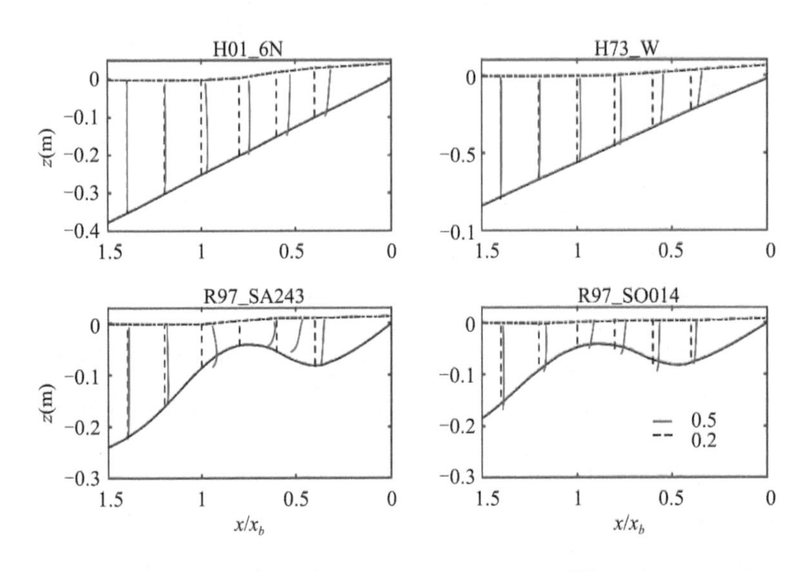

图 3.12 标准化沿岸流速度 $\overline{v}/c$ 的垂向分布，$c(=\sqrt{gd})$ 是局部浅水波速，蓝色实线表示标准化沿岸流速度的计算值，垂直黑色点线表示垂向位置和速度剖面的零点，点划线表示平均水面，黑色实线表示海滩剖面地形

3.4.2 SWASH 模型与一维模型的对比

如果不考虑非常浅的区域并且不关心横向流的变化，一个简单的一维沿岸流动量平衡模型便足以计算沿岸流。该相位平均一维模型可用于补充测试 H73_W、R97_SA243 和 R97_SO014 实验，并与 SWASH 模型的验证模拟进行比较。由于最大沿岸流速度位置滞后于波浪破碎的位置，为了将计算的最大沿岸流位置从破波点向岸移动，引入额外的水滚模型是必要的[52,53]，以减小数值模型与实验测量值之间的偏差[11,27,34]。在该一维模型中，包含了 Dally 与 Brown[54]开发的水滚模型。

H73_W 实验的计算结果如图 3.13 所示。一维模型中，波浪增水对自由参数最不敏感。波高对破波指数 γ 和破波比参数 B 较为敏感，校准的 γ 值为 0.78。B 的值为 1.75，这是通过拟合实验室数据集得到的最优值[55]。此外，水滚模型的波前锋面斜率 β 和涡流黏度 ν_t 的变化主导了沿岸流的横向分布。

β值取 0.1，ν_t 取 0.01 m^2/s。显著影响沿岸流速度的底部粗糙度高度被校准为 0.001 5 m。一维模型中使用的校准底部粗糙度值是 SWASH 模型中使用的推荐经验值 0.000 5 m 的三倍。

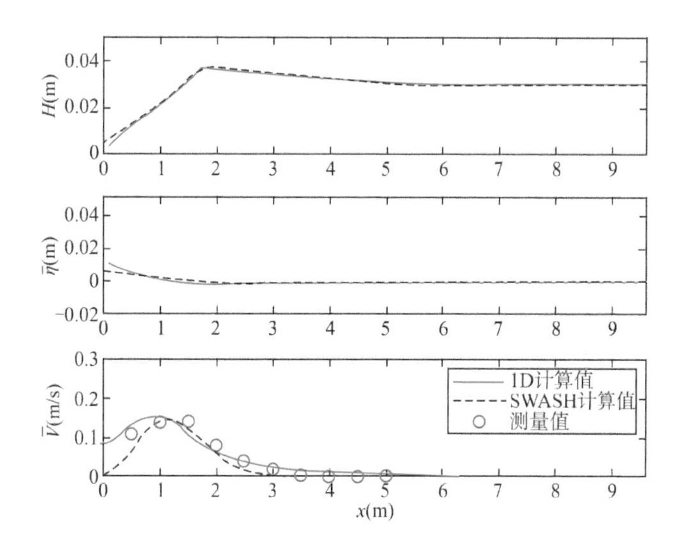

图 3.13　H73_W 实验的两种模型的计算结果对比

在图 3.14 中，展示了采用该一维模型模拟 R97_SA243 实验的结果，当底部粗糙系数为 0.01 m 时，数值模拟结果与实验测量结果符合较好。对于 R97_SO014实验，在相同的地形但是不规则波的条件下，当波前锋面斜率参数 β 从 0.1 减小为 0.05，底部粗糙系数设置为 0.000 5 m 时，同样可获得较准确的结果(图 3.15)。

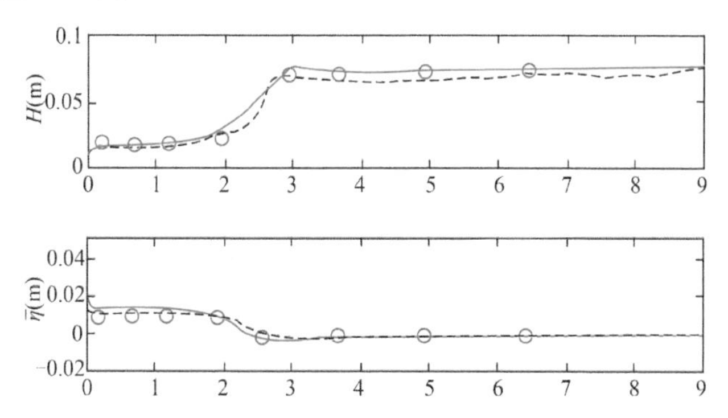

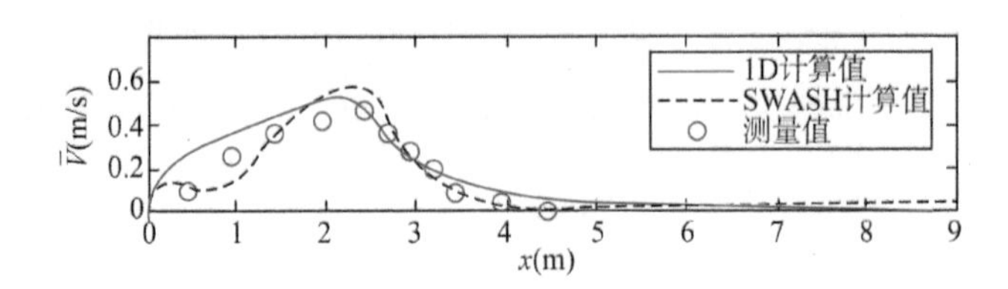

图 3.14 R97_SA243 实验的模型计算值与实验测量值对比

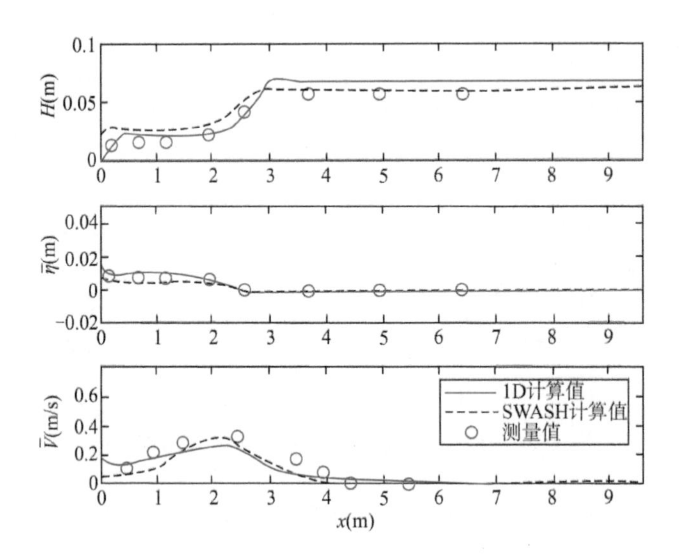

图 3.15 R97_SO014 实验的模型计算值与实验测量值对比

3.5 结果讨论

本章的研究目的是验证采用未经校准的默认自由参数设置的 SWASH 模型,因此所有模拟算例的模型参数(例如底部粗糙高度、水平涡流黏度)设置是相同的。在自由参数没有任何变化的情况下,SWASH 模型提供了准确的沿岸流计算结果。预计在参数校准后,SWASH 模型的准确度将进一步提高,例如校准底部摩擦系数可以显著影响沿岸流速度的模拟结果。

沙坝海岸上的沿岸流模拟结果(R97_SA243 和 R97_SO014)与实验室测量的结果基本一致。实验室环境中模拟的和观测的沿岸流具有相同的横向分布变化。分布模式为最大的沿岸流流速发生在波浪破碎引起的湍流最强的位置。第二个沿岸流速度峰值出现在海岸线附近。然而,DELILAH 现场实验观测结果表明,最大沿岸流速度出现在沙坝谷底,并没有超过沙坝的顶部。Reniers 和 Battjes[34]试图通过使用数值模型测试沿岸不均匀性和横向混合对最大沿岸流速度位置的影响。然而,无论是沿岸压力梯度还是横向混合都没有显著影响最大沿岸流速度的位置。因此,Reniers 和 Battjes 认为最大沿岸流速度的位置偏离其理论位置的原因不能全部归于局部的波浪驱动力[34]。观测与预测的最大沿岸流速度位置的偏差可能产生于未能识别的局部水动力改变的机制[50]。对于自然环境中的力(例如风和潮汐作用力),在实验室实验和 SWASH 模型的数值模拟中除了纯波浪力其他都没有被考虑,SWASH 模型能够准确模拟实验室实验结果,但无法揭示在现场实验中观察到最大沿岸流位置出现在沙坝谷底的原因。

将 SWASH 模型与简单一维模型的计算结果进行对比可知,一维模型能够计算沿岸流分布,结果可与 SWASH 模型相媲美。然而,由底部粗糙系数主导计算的沿岸流速度的大小,需要校准以得到最佳的计算结果。例如,在有沙坝的海岸上,校准后的底部粗糙度高度变化范围为 20 倍。此外,沿岸流的横向分布取决于以涡黏系数模拟水平动量通量的扩散。涡黏系数、特征长度尺度(例如波高或水深),以及特征速度(例如波速或湍流速度)之间的不同相关关系可参考相关文献[22,56,57]。虽然一维模型模拟结果能够说明主导沿岸流分布的主要机制,但自由参数取值的不确定性限制了一维模型预测沿岸流的能力。与一维模型相比,SWASH 模型更准确且无需特意调整自由参数。当本研究中的网格垂直分辨率足以解析沿岸流的垂向结构,以及在计算域足够长、侧向边界的影响较小的条件下,SWASH 模型模拟的实验室条件下的沿岸流横向剖面精度依旧很高,一维模型却只能准确地计算出沿岸流速度的幅值。因此,SWASH 模型在默认参数设置下可以用来准确预测沿岸流的分布。

3.6 本章小结

采用 SWASH 模型模拟实验室条件下的波生沿岸流的 6 种工况,其中 4 个是无沙坝平面海岸上的斜向入射波浪工况,2 个是沙坝海岸上的规则波与不规则波的工况。模拟与测量的波高、平均水位、沿岸流之间吻合程度高。沿岸流一般分布在 2 倍破波带宽度内[22]。在沿岸均匀海岸上的规则波条件下,沿岸流大部分分布在 1.5 倍破波带宽度内。沿水深方向,平面海岸上的沿岸流近乎是沿水深均匀的。除了在水深较小的情形下,沿岸流的垂向剖面会偏离沿水深均匀的剖面。浅水中较强的底摩擦使沿岸流垂向剖面转变为对数分布剖面。忽略近岸的浅水区域,大约是 0.4 倍的破波带宽度以外向海的区域,规则波作用下平面海岸上的沿岸流可以被近似视为沿水深均匀的。数值模拟和实验室测量结果均显示,在规则波条件下平面海岸上的沿岸流垂向剖面是沿水深均匀的。这也解释了简单的一维的沿水深平均的模型能够准确计算波生沿岸流的原因。然而,沿岸流沿水深均匀的假设不适用于沙坝海岸上。

波相位解析的 SWASH 模型能够准确计算波生沿岸流。亚网格方法在保持计算精度的同时提高了计算效率。相位平均模型需要较少的计算时间,可以作为替代相位解析模型的选择。在使用默认参数设置的条件下,SWASH 模型能够分别在无沙坝海岸上和有沙坝海岸上精准地预测波生沿岸流。关于更复杂的工况,例如波流共存时不规则波与潮流叠加的情况,将在未来的研究中进一步探索。

第四章
透水丁坝水动力特性的数值模拟

4.1　背景介绍

海岸丁坝通常垂直于海岸建造，是最受欢迎的海岸防护建筑物之一。丁坝有助于海岸高程增高与向海淤进，主要通过以下几种方式：①由于波浪衍射产生位于丁坝下游背风侧的波影区域；②减缓波生沿岸流；③将强潮流挑离岸线；④拦截沿岸输运的泥沙[58]。从透水性的角度，丁坝可分为透水丁坝和不透水丁坝。不透水丁坝是由混凝土、堆石或钢板等材料制成的实心丁坝，可阻挡丁坝区域的水流流动。透水丁坝由木桩或多孔混凝土模块等材料制成，允许水流通过。与不透水丁坝相比，透水丁坝的显著优势为允许部分沿岸输运的泥沙通过其空隙，可缓解透水丁坝下游的泥沙供给不足，从而减轻常发生在丁坝下游处的海岸侵蚀。此外，不同于被不透水丁坝截断的海岸线是不连续的，海岸线对透水丁坝的响应是连续的[2,12,59]。例如，图 4.1 显示出岸线对透水丁坝群的响应是一条近乎直线的连续的岸线。在本章中，仅考虑一种特定形式的由木桩组成的透水桩柱丁坝（简称为透水桩坝）。由于透水桩坝具备具有吸引人的自然外观，易于施工以及可使用可再生木材建造的优点，因此在海岸工程中，透水桩坝受到了日益增长的关注[1,60]。在欧洲海岸上，透水桩坝已被广泛用于防护海岸侵蚀，例如在荷兰和英国的北海沿岸[2,14]以及德国和波兰的波罗的海海岸[12,16,59,61,62]。

Raudkivi 等总结出透水桩坝的功能机制为透水桩坝通过对水流施加阻力以减缓沿岸流速度[59]，沿岸流速度的降低导致由底床上的波流相互作用产生的湍流动能减小，更少的沉积物颗粒被启动，最终由减缓的沿岸流输送的泥沙量也会减少。因此，沉积物很容易被拦截并沉积在丁坝附近。由于沿岸每个透水桩坝之间的间距较宽，其对波浪的影响可以忽略不计，因此透水桩坝几乎不改变入射波的特性，除了透水桩坝附近有限的波影区[59]。

实地调查结果显示，大量的透水桩坝促进了近岸泥沙淤积，有效遏制了海岸衰退[4,13,14,63]。关于研究透水桩坝对沿岸流的影响，能够精巧控制水动力条件的物理模型实验是一种有效的方法。Hulsbergen 和 ter Horst [5]的物理模型实验测量结果表明，组合波流条件下的透水桩坝减小了丁坝区域内60%的沿岸流速度。对于斜入射单色波的情况，在 Trampenau 等[4]开展的实验中，透水率为 30%的透水丁坝减小了丁坝区域内 40%的波生沿岸流速度，透水率为 50%的透水丁坝减小了 30%的波生沿岸流速度。Uijttewaal[64]通过物理模型实验比较了透水丁坝和实体丁坝附近和下游的湍流特性，得出的结论是对于透水丁坝，在丁坝区域和主流之间混合层的剪切和湍流强度显著减小，并且与实心丁坝相比，穿过透水丁坝空隙的近乎单向的水流阻止了丁坝区域内回流的形成。

现场观测和物理模型实验结果证明，在很大程度上，透水桩坝能够减缓沿岸流速度，有效遏制海岸线衰退。此外，木质透水桩坝具备有吸引力的自然外观，尤其适合有高度景观需求的休闲海岸，原因是透水桩坝的占地空间很小，降低了对海滩景观的损害程度；以及建筑材料为可再生的木材，既环保又经济[1,60]，例如荷兰泽兰省海滩度假村的透水桩坝(见图 4.1)。然而，导致海岸侵蚀的另一个重要原因是丁坝诱发的离岸裂流，会导致海滩泥沙向海流失[2]。

图 4.1　左图为荷兰泽兰省一处分布有透水桩柱丁坝的海岸位置，右图为透水桩柱丁坝影响下的岸线呈连续直线形态

尽管透水桩坝在海岸防护中的应用历史长达半个世纪，但从现场调查与实验室研究中获得的高时空分辨率的测量结果相对较少。为了弥补对透水桩坝水动力特征认知的不足，本章通过开展数值模拟实验，研究透水桩坝区域内的近岸波浪场与流场特征。采用从 Hulsbergen 和 ter Horst[5] 的实验中获得的代表性数据集校准和验证该数值模型。该数值模拟实验的目的是为在组合波流条件下透水桩坝的布局优化提供科学依据。

在本章的工作中，我们选择相位解析的 SWASH 波流模型，其中包含透水桩坝对波流的作用。该模型的控制方程列于 4.2 节中，并在同一节中给出实验数据集的描述。模型的初始校准见 4.3 节，并在同一节中阐述了应用该校准的模型评估透水桩坝对沿岸流的影响。在 4.4 节中展开讨论，4.5 节给出本章小结。

4.2 研究方法

4.2.1 SWASH 波流模型

本章采用相位解析的 SWASH 波流模型[35] 模拟透水桩柱丁坝影响下的近岸波流场的时空分布。SWASH 波流模型可以模拟考虑非静水压力的自由表面水流，已被成功应用于在实验室尺度范围内研究近岸的波浪水动力学[21,35,40]。SWASH 模型的介绍详见第三章。有关模型的更多详细信息可以参阅 Zijlema 和 Stelling[65,66]、Zijlema 等[35] 和 Smit 等[21] 的文章。该模型的控制方程是不可压缩流体的雷诺应力平均的纳维-斯托克斯 RANS 方程，包含非静水压力的影响。三维的局部连续性方程和动量方程为：

$$\frac{\partial u_i}{\partial x_i}+\frac{\partial w}{\partial z}=0 \tag{4.1}$$

$$\frac{\partial u_i}{\partial t}+\frac{\partial u_i u_j}{\partial x_j}+\frac{\partial u_i w}{\partial z}=-\frac{1}{\rho}\frac{\partial(p_h+p_{nh})}{\partial x_i}+\frac{\partial \tau_{ij}}{\partial x_j}+\frac{\partial \tau_{iz}}{\partial z}-f_i \quad (4.2)$$

$$\frac{\partial w}{\partial t}+\frac{\partial u_j w}{\partial x_j}+\frac{\partial w^2}{\partial z}=-\frac{1}{\rho}\frac{\partial(p_h+p_{nh})}{\partial z}+\frac{\partial \tau_{zj}}{\partial x_j}+\frac{\partial \tau_{zz}}{\partial z}-g \quad (4.3)$$

其中，i 和 j 表示两个水平坐标，分别是 x 垂直岸线方向和 y 平行岸线方向；z 是垂向坐标；u_i 是 $\vec{u}$ 在水平方向的分量；w 是垂向速度；p_h 和 p_{nh} 是静水压力与非静水压力，静水压力 p_h 表示为 $p_h=\rho g(\zeta-z)$，因此 $\partial_{xi} p_h=\rho g\,\partial_{xi}\zeta$（其中 ∂_{xi} 代表 ∂/∂_{xi}），以及 $\partial_z p_h=-\rho g$（其中 g 是重力加速度）；τ_{ij} 是湍流应力。方程(4.1)是局部连续性方程，方程(4.2)和方程(4.3)是动量方程，包含混合、底部摩擦和木桩的阻力。方程(4.2)的最后一项是由透水桩坝的木桩阻力引起的动量损失，即由非线性的拖曳力引起的动量损失，如下所示：

$$f_i=\frac{1}{2}ND\,C_D\,u_i\,|\vec{u}| \quad (4.4)$$

其中，C_D 是阻力系数；N 是每单位底面积的圆柱数($/\mathrm{m}^2$)；D是圆柱直径(m)。f_i 是每单位高度圆柱沿横向(x)或沿岸方向(y)的密度标准化的阻力。

4.2.2　误差评估函数

与测量数据相比，通过3个误差评估函数，即均方根误差(RMSE)、离散指数(SI)和相关系数 R^2，评估数值模型的表现。波高 H、平均水位 $\bar{\zeta}$ 和平均沿岸流速 $\bar{V}$ 在以下方程中用变量 f 代替，其中下标“o”代表模型试验测量值，下标“c”代表数值模拟计算值。

$$RMSE=\sqrt{\frac{1}{N}\sum_{i=1}^{N}(f_c^i-f_o^i)^2} \quad (4.5)$$

$$SI=\frac{\sqrt{\frac{1}{N}\sum_{i=1}^{N}(f_c^i-f_o^i)^2}}{\bar{f}_o} \quad (4.6)$$

$$R^2=\frac{\sum_{i=1}^{N}(f_c^i-\bar{f}_c)(f_o^i-\bar{f}_o)}{\sqrt{\sum_{i=1}^{N}(f_c^i-\bar{f}_c)^2}\sqrt{\sum_{i=1}^{N}(f_o^i-\bar{f}_o)^2}} \tag{4.7}$$

4.2.3 物模实验设置

选取 Hulsbergen 和 ter Horst[5]的实验(以下简称 H73)进行模拟,并将模拟结果与测量结果进行对比。该实验的目的是研究透水桩柱丁坝群不同的布置形式对沿岸流速度减小程度的影响。这些实验数据被用来验证数值模型中计算透水桩柱丁坝的方法,在验证的数值模型基础上可以进一步模拟透水桩柱丁坝和沿岸流之间的相互作用。

该实验是在荷兰代尔夫特水利研究所 31.25 m 长和 12.1 m 宽的港池中进行的,旨在研究优化透水桩柱丁坝系统的布局。海岸地形底部由光滑的混凝土制成,水深等深线与海岸线平行。海岸坡度为近岸 1∶35,离岸 1∶20(详见图 4.2(c))。通过 SWASH 模型选择了两个有代表性的布局组次进行模拟,

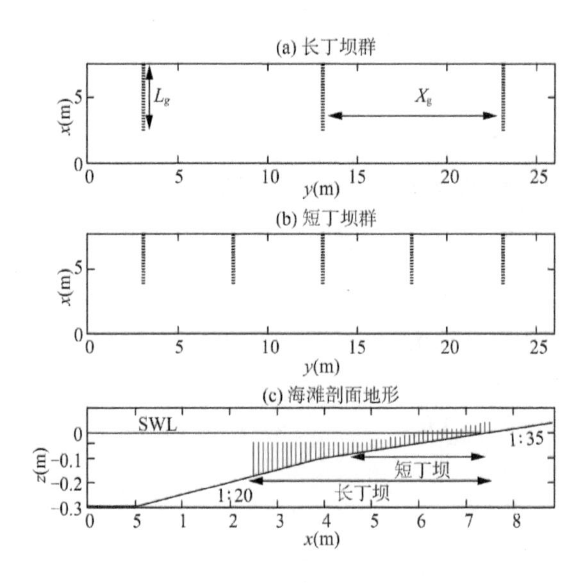

图 4.2 丁坝群的平面布置图:(a) 3 个长丁坝;(b) 5 个短丁坝;(c) 丁坝与海岸剖面图

分别为 3 个 5 m 长的以 10 m 沿岸间距布置的透水丁坝群和 5 个 3.5 m 长的以 5 m 沿岸间距布置的透水丁坝群。透水丁坝由两排木制圆柱组成，两排圆柱之间的沿岸间距为 0.087 5 m，透水丁坝垂直于岸线布置。模型实验几何比尺为 1∶40，故在原型尺度上丁坝长度分别为 200 m 和 140 m。长丁坝的每一排包含 373 个木圆柱，短丁坝一排则是由 292 个木圆柱组成。丁坝透水率随丁坝长度变化，由陆向海逐渐增大。这里的透水率定义为透水丁坝的空隙横截面面积与总横向截面面积之比。当桩柱间距相等时，透水率为桩柱间空隙距离与桩柱空隙和桩柱直径之和的比值。在该实验中，长透水丁坝的平均透水率为 55%，短透水丁坝的平均透水率是 50%。

本章研究的水动力条件是波流组合条件，包括斜向入射波和沿岸恒定流。水流和波浪条件如图 4.3 所示。对于纯水流条件，在横向边界以450 L/s 的恒定流量驱动水流沿岸流动（图 4.3(a1) 中从左侧到右侧）。恒定水流的速度与水深 h 的平方根成正比，从深水逐渐向浅水递减（图 4.3(a2)）。当水深 h 大于 0.05 m 时，雷诺数（$Re=Vh/v$）超过 2 100 的阈值，因此水流是湍流。入射波（$H_1=0.03$ m，$T_1=1.04$ s）与海岸法线方向呈 15°入射角向海岸传播（图 4.3(b1)）。在给定的组合波流条件下，波浪产生的沿岸流在破波带区域内占主导地位，并与稳定水流的方向相同。因此，近岸叠加的沿岸复合水流增强，复合沿岸流速度分别大于纯波或纯水流条件下的速度。随着波浪向岸传播，波浪向岸线法线方向折射，从在离岸边界处与沿岸恒定水流方向成 75°交角，到波浪破裂时与沿岸恒定水流方向的交角接近正交角（81.5°）。恒定水流在这种情况下，对波浪的折射可忽略，小于 3%。数值模拟中的水动力参数见表 4.1。两个透水丁坝群的平面布局如图 4.2 所示。

表 4.1　数值模拟中的水动力参数

实验参数					
$H_1(m)$	$T_1(s)$	$\theta_1(°)$	$d_1(m)$	$L_1(m)$	H_1/L_1
0.03	1.04	15	0.3	1.45	0.021

续表

透水丁坝参数					
D (m)	P (%)	L_g (m)	X_g (m)	Num.	丁坝类型
0.006	50%	3.5	5	5	双排
0.006	55%	5	10	3	双排

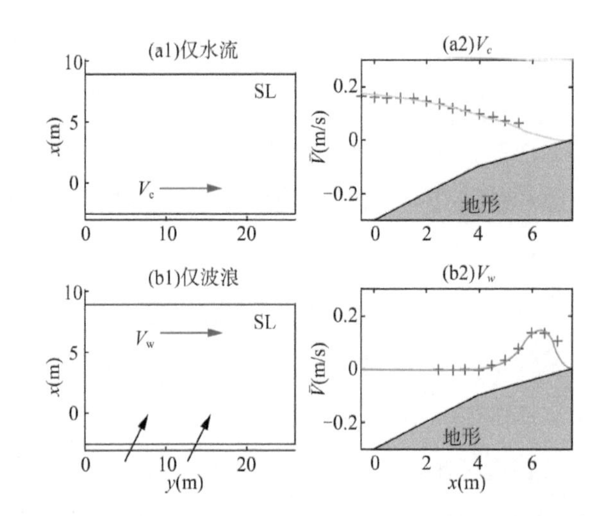

图 4.3 仅恒定流工况:(a1) 恒定流的方向(蓝色箭头);(a2) 恒定流的流速。仅波浪工况:(b1) 波浪入射方向(黑色箭头),波生沿岸流方向(蓝色箭头);(b2) 波生沿岸流速度。SL 表示岸线

4.2.4 数值实验设置

为了建立 H73 实验的数值模型,计算域网格分辨率为横向方向 $\Delta x=0.03$ m和沿岸方向 $\Delta y=0.1$ m(总共 380×260 个网格)。虽然较粗的垂直方向网格分辨率(例如 2 层)足以解析水波的运动(例如波浪传播、变浅、破波和波浪增水等),但是若要准确解析破波带区域波浪的破碎衰减,计算网格需要拥有较高的垂直分辨率(例如 10~20 层)[21]。在本章的研究中,垂直方向被等距离划分为 15 层,该垂向分辨率足以解析沿岸流的分布。时间步长设置为 $\Delta t=0.005$ s。将横向边界设置为循环边界以限制无界海岸的长度。在近海开放边界处产生斜向入射规则波。除了波浪,在侧向边界处设置恒定的水位梯度（$\partial\eta/\partial y=3.1\times10^{-5}$）驱动沿岸的恒定水流。添加沿岸水位梯度的方法包含在 de Wit 等[67]修改的 SWASH 版本中。

为了计算透水丁坝对水流的阻力，SWASH 模型并不直接解析丁坝的圆柱体积，而是计算丁坝柱体对流体施加的阻力。模型中沿岸网格的分辨率大约等于透水丁坝的宽度，因此桩柱的阻力均匀分布在沿岸的一个网格单元内，网格内圆柱附近被扰动水流的空间变化被忽略。给定圆柱直径 $D=0.006$ m 和波长 $\lambda=1.45$ m，导致 D/λ 的比值远小于 $O(0.1)$，则圆柱可以被视作细长的圆柱体。网格内均匀分布的透水丁坝投影面积应该等于真实透水丁坝的投影面积，以保证沿岸流在沿岸方向的总阻力是相同的。因此，透水丁坝的投影面积 $A_f\left(=D\sum_{i=1}^{n}h_{g,i}\right)$ 等于均匀分布的透水丁坝的投影面积 $A_{ud}(=NW_gL_g\bar{h}_gD)$，其中 D 是圆柱的直径，n 是每个透水丁坝的圆柱总数，L_g 是透水丁坝长度，W_g 是透水丁坝宽度，N 是每单位面积的圆柱数，$\bar{h}_g$ 是平均透水丁坝高度。计算出的 $\bar{h}_g$，短透水丁坝为 0.052 5 m，长透水丁坝为 0.06 m。透水丁坝的阻力由公式(4.4)计算得出。其中，未知的阻力系数 C_D 的取值通过校准得到，以获得与测量结果相比更为准确的计算沿岸流速度，且具有最小的均方根误差。

4.3　模拟结果

在本节中将介绍 H73 实验的模拟结果。首先，模拟无透水丁坝的对照实验测试 SWASH 模型计算实验室尺度下沿岸流的能力。组合波流条件下的底部摩擦系数通过校准得出。基于本研究的水动力条件，对于组合波流，底部粗糙度的取值范围在 0.000 4～0.001 m 之间，取值为 0.000 8 m 时均方根误差最小。然后校准透水丁坝的阻力系数，将 3 个 5 m 长的透水丁坝添加到底部粗糙度已被校准的模型中。根据校准结果，阻力系数在 0.8～1.4 的范围内取值为 1.1。底部粗糙度和阻力系数的校准结果见 4.6 节的附录。最后，使用校准的透水丁坝水动力模型验证另一个由 5 个 3.5 m 长的透水丁坝组成的透水丁坝群的水动力特征。

4.3.1 无丁坝工况

当数值模型中没有透水丁坝的影响时，对模型进行校准并重现实验中观察到的波高和沿岸流变化。与测量的沿岸流速度相比，在纯波浪条件(图4.3)和纯水流条件(图 4.2)下的模拟结果很好。然后，SWASH 模型成功模拟了复杂的波流组合条件(图 4.4、图 4.5、图 4.6)。数值模拟计算出的最大波高为 0.033 m(图 4.4)，符合测量得出的 0.025～0.035 m 的破碎波高范围。

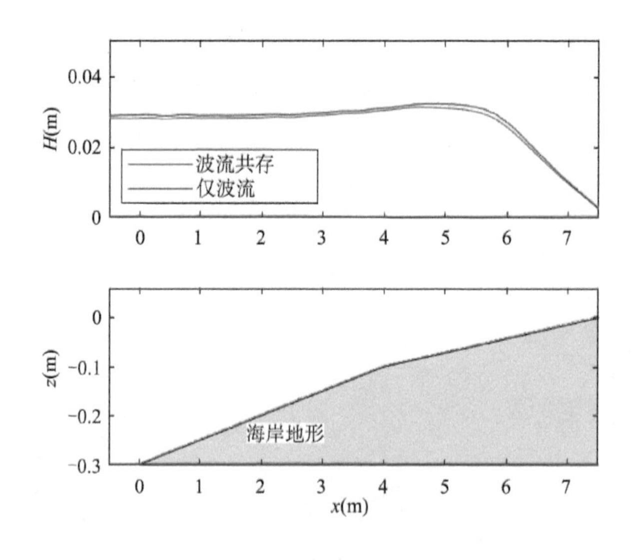

图 4.4 计算的波高向岸传播

计算的表面沿岸流平均流速如图 4.5 所示，其中下标“s”表示表面，三角括号“<>”表示沿岸平均。每层的厚度等于 1/15 的总水深。选择表面沿岸流速度($\overline{V}_s$)的目的是与在实验中由水面浮子测量得到的表面平均沿岸流速度保持一致。模拟结果与测量结果非常吻合(图 4.5(a1))。例如,在破波带内部区域(x=5.5 m 至 x=7.5 m),由波浪引起的沿岸流占主导地位,在向海区(x=1.5 m 至 x=3 m),恒定水流占主导地位。在过渡区,模型低估了沿岸流速度。关于计算结果的统计指标,分散指数为 0.12,相关系数为 0.91(图 4.5(a2)),表明数值模型可靠地再现了实验测量的沿岸流速度。计算的沿岸流 $\overline{V}_s$ 的均方根误差为 0.018 m/s。

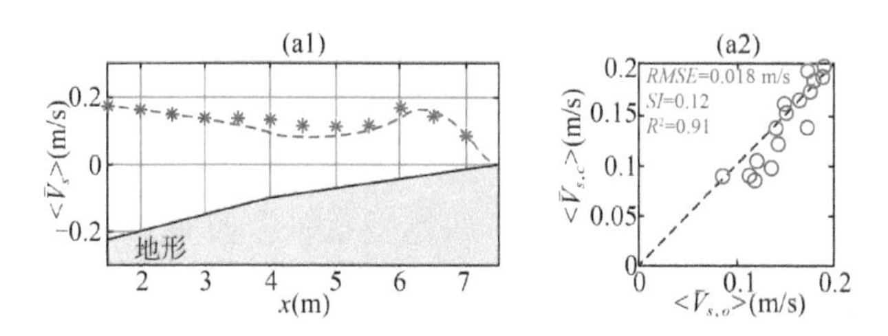

图4.5 在无丁坝的复合波流工况下,沿岸平均的沿岸流速度<$\overline{V}_s$>的横向分布剖面:
(a1)沿岸流速度,下标"s"表示表层的沿岸流速度,< >括号表示沿岸平均;
(a2)数值模型结果统计参数,下标"o"表示实验观测值,下标"c"表示数值计算值

在破波带区域内,复合波流条件下最大沿岸流速度的增加比纯波条件下的高 14%,但位置不变,两者都在海岸线向海 1.18 m 处(即 x=6.32 m,见图 4.3 和图 4.5)。但是在物理模型实验中没有测量沿岸流的垂向变化。通过数值模拟预测了沿岸流在 7 个位置的垂向结构,如图 4.6 所示。可以看出,在半对数坐标图中,沿岸流垂向剖面几乎是线性的,表明沿岸流速度沿水深分布可以用对数曲线描述。由于波谷下的回流(图 4.7),沿岸流的垂向结构显示

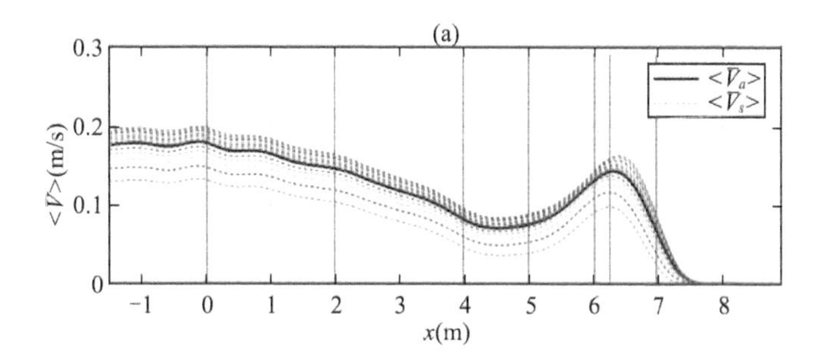

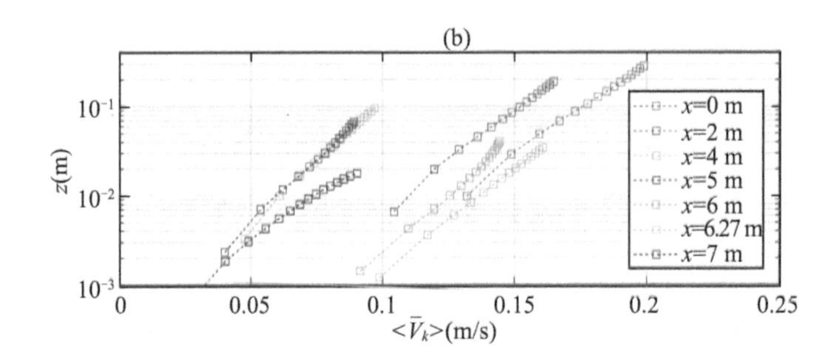

图 4.6　计算的平均沿岸流的垂向结构$<\overline{V}>$:(a) 平均沿岸流速度的横向剖面分布，点线表示每个垂向分层中心的平均沿岸流速度$<\overline{V}_k>$,黑色实线表示水深平均的沿岸流速度$<\overline{V}_a>$,红色垂线表示选定的离岸位置；(b) $<\overline{V}_k>$在 7 个选定位置沿水深的变化

出两种不同的形状。在破波带外侧，回流的垂直剖面曲率较小；在破波带内侧，垂直剖面偏离沿水深平均剖面的程度较大，靠近床面向海水流速度占主导，靠近波谷处向海水流速度减弱，逐渐转变为向岸水流速度占主导。这样显著不同的特征与实验室观察结果一致，并且可以通过数学模型很好地预测

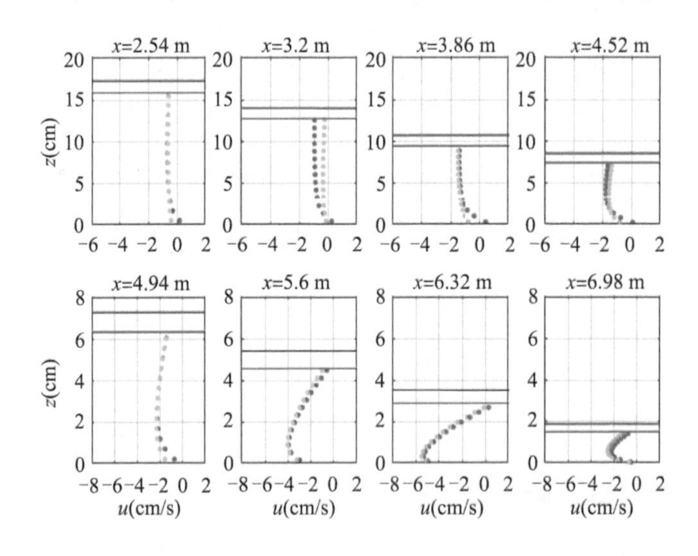

图 4.7　在 8 个离岸位置处，计算的平均回流$<\overline{u}>$在波谷以下的垂向结构，红色圆点表示仅波浪工况，青色圆点表示复合波流工况，上面 4 个子图表示在破波带以外的位置，下面 4 个子图表示在破波带以内的位置，蓝色实线表示波谷，黑色实线表示平均水平面

(例如 Putrevu 和 Svendsen[57])。与纯波浪条件相比,在破波带区域之外,叠加几乎正交的水流,回流剖面的曲率减小(图 4.7 中的上图)。在破波带内侧,水流的存在不会改变沿岸流垂向剖面,只是沿岸流速度幅值略有增加,但可以忽略不计(图4.7中的下图)。

4.3.2　长丁坝群

在 3 个长透水丁坝区域内沿从 $y=3$ m 到 $y=23$ m 沿岸方向平均计算的沿岸流与通过流经长透水丁坝区域的表面漂浮物测量的实验数据非常匹配(图 4.8)。3 个长透水丁坝的存在减缓了透水丁坝区域内的沿岸流速度(图 4.9)。与无透水丁坝的沿岸流场(图 4.9(a))相比,破波带区域内受透水丁坝干扰的沿岸流不再是沿岸均匀的(图 4.9(b)),原因是当沿岸水流向下游流动时,沿岸流立刻从入射进丁坝区域的破碎波浪中获得能量。然而,在破波带外侧向海区域,恒定水流占主导地位并被透水丁坝拦截,水流速度从来自主流扩散的质量和动量中逐渐恢复[2]。恒定水流和波生沿岸流产生机制的不同解释了沿岸流在破波带区域外的均匀性和破波带内部的不均匀性(图 4.9(c))。图 4.9(b)清楚地表明,在通过透水丁坝时,沿岸流速度迅速减小,在进一步向透水丁坝下游流动时逐渐恢复。

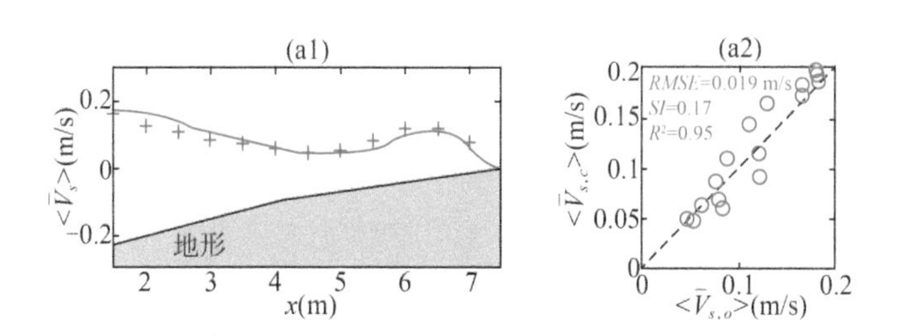

图 4.8　长丁坝群区域沿岸流速度 $<\bar{V}_s>$ 的横向分布剖面:
(a1) 沿岸流速度,下标"s"表示水体表层的沿岸流速度;(a2) 模型计算结果统计值,
下标"o"表示实验观测值,下标"c"表示数值计算值

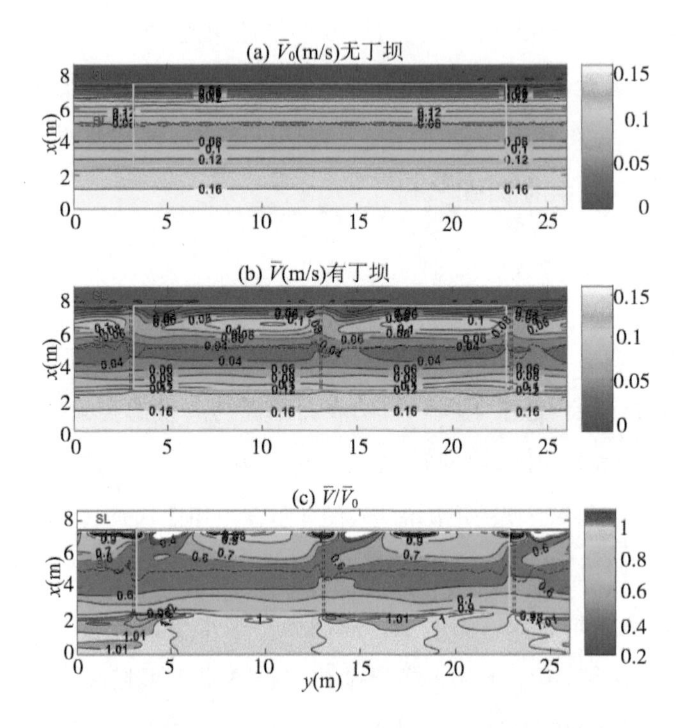

图 4.9　长丁坝区域的沿岸流与波浪场：(a) 无丁坝影响的沿岸流速度 $\overline{V}_0$；(b) 有丁坝影响的沿岸流速度 $\overline{V}$；(c) 标准化的沿岸流速度 $\overline{V}/\overline{V}_0$。黑色虚线表示透水丁坝位置，红色实线表示岸线位置，红色点划线表示破波线位置

尽管透水桩柱丁坝可以有效地减缓由波浪引起的沿岸流，但它们几乎不能衰减波浪。这是因为透水丁坝宽度远远小于入射波长，对于计算的工况，该比值不大于 0.06。图 4.10 显示了长透水丁坝群中间丁坝附近的波高分布。当波浪接近透水丁坝时，波浪高度稍微增加，然后在透水丁坝位置处减到最小值。透水丁坝上游增加的波高和下游波影区内减小的波高影响范围有限，因此透水丁坝对其附近区域的波高影响可忽略不计。

4.3.3　短丁坝群

与 3 个长透水丁坝组成的丁坝群相比，5 个短透水丁坝群区域内更有效地降低了沿岸流速度，因为额外两个透水桩柱丁坝增加了对水流的平均阻

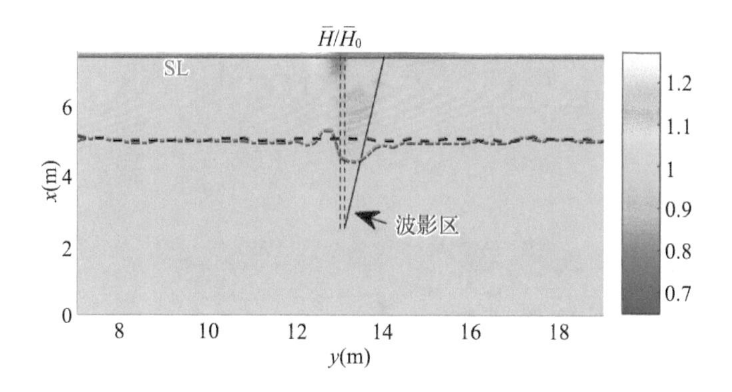

图 4.10　在中间丁坝区域附近，标准化的波高值 $\overline{H}/\overline{H}_0$，
黑色点划线表示无丁坝影响的破波线位置，红色点划线表示有丁坝影响的破波线位置

力。在破波带内，最大沿岸流速度为 0.098 m/s(图 4.11)，3 个长透水丁坝群内流速(图 4.8)为 0.11 m/s，没有透水丁坝干扰条件下的流速为 0.17 m/s(图 4.5)。与 3 个长透水丁坝群类似，5 个短透水丁坝群产生了相似的沿岸流场模式，如图 4.12 所示。5 个短透水丁坝区域内标准化沿岸流速度在 0.4～0.7 m/s 之间(图 4.12(c))，而 3 个长透水丁坝区域内流速在 0.6～0.9 m/s 之间(图 4.9(c))。

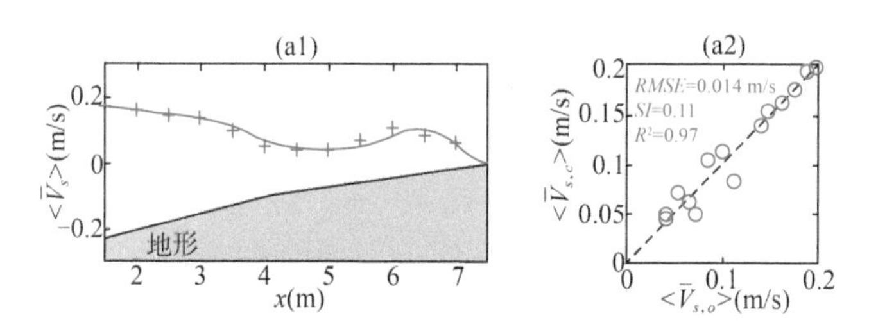

图 4.11　短丁坝群区域沿岸流速度 $<\overline{V}_s>$ 的横向分布剖面：
(a1) 沿岸流速度，蓝色实线表示计算值，蓝色加号表示测量值；
(a2) 模型计算结果统计值，下标“o”表示实验观测值，下标“c”表示数值计算值

当透水丁坝沿海岸分布较密集时，透水丁坝的干扰也会引起平均水位的沿岸不均匀变化。对于短透水丁坝群，水位变化如图 4.13 所示。由于平均水位在透水丁坝上游上升，在下游下降，会导致水深等深线与岸线不是平行的。

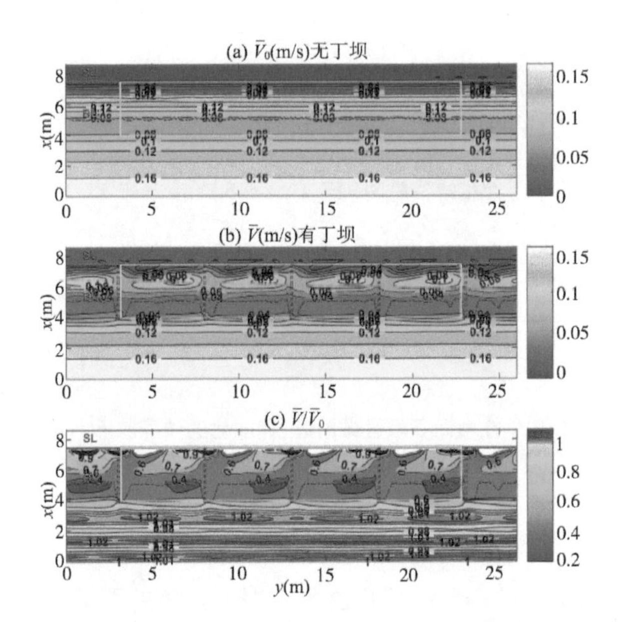

图 4.12 短丁坝区域的沿岸流与波浪场:(a) 无丁坝影响的沿岸流速度 $\overline{V}_0$;(b) 有丁坝影响的沿岸流速度 $\overline{V}$;(c) 标准化的沿岸流速度 $\overline{V}/\overline{V}_0$ 。黑色虚线表示透水丁坝位置,红色实线表示岸线位置,红色点划线表示破波线位置

图 4.13显示了透水丁坝局部沿岸水位梯度在 $O(\times 10^{-4})$ 的量级。局部水位梯度大于数量级为 $O(\times 10^{-5})$ 的区域水位梯度。

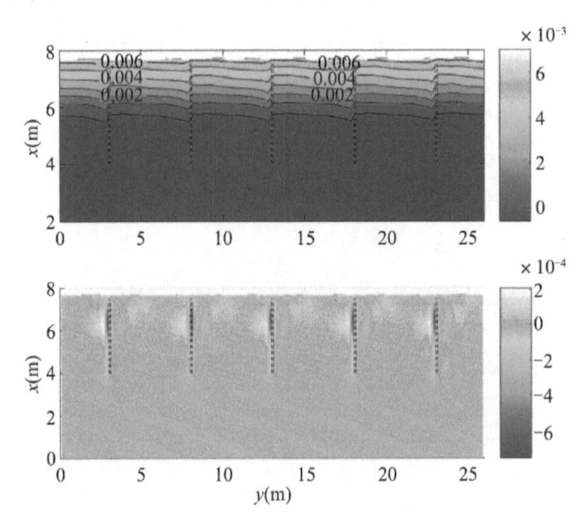

图 4.13 短丁坝区域的平均水面变化:上图表示时间平均的水平面 $\overline{\eta}$(m);下图表示水平面 $\overline{\eta}$ 的沿岸梯度 $\partial \overline{\eta}/\partial y$ 。黑色虚线表示丁坝的位置

4.4　结果讨论

4.4.1　平均波高

理论上，丁坝坝田内有 4 种波分量：入射波、衍射波、反射波和透射波。由于波浪入射角与丁坝轴线夹角较小，因此波可以传播到几乎整个丁坝坝田区域。宽度狭窄的透水桩柱丁坝产生的干扰非常有限，流经丁坝空隙的沿岸流减小了波浪绕射，导致丁坝周围的绕射不明显。在透水桩柱丁坝上游（图 4.10），由于水位淤长，可观察到略微增长的波高，因此波浪破碎被延迟。除了丁坝上游略微增长的波高，波高在波影区域会减小，规则波以 15°入射条件下的波高最大减小值为 20%。波能耗散仅局限于丁坝下游非常有限的波影区域，这表明透水桩柱丁坝对波浪的影响并不显著并且可以忽略不计。“透水桩柱丁坝对波浪的影响可以忽略不计”这一结论与 Raudkivi[59] 和其他研究人员的发现一致。

4.4.2　平均水面 $\overline{\eta}$

沿岸水位场一般是均匀的，除了靠近透水丁坝两侧的狭窄区域。透水丁坝对沿岸流的阻力使透水丁坝上游水位上升并在透水丁坝区域内产生水位差。透水丁坝附近水位变化 $\Delta\overline{\eta}$ 的数量级为 $O(\times 10^{-4})$m，透水桩柱丁坝的宽度较窄，量级为 $O(\times 10^{-1})$m，则透水丁坝附近的水位梯度可达 $O(\times 10^{-3})$。在模拟中，由透水丁坝引起的局部水位梯度大于区域水位梯度 $O(\times 10^{-5})$。水位沿岸梯度 $\partial\overline{\eta}/\partial y$ 如图 4.14 和图 4.15 所示。透水丁坝上游水位上升，引起沿岸正的水位梯度。由正的水位梯度引起的静水压力与沿岸流的流动方向相反。在波浪和水流组合条件下的破波带内，两种透水丁坝布局中间丁坝的 $\partial\overline{\eta}/\partial y$ 的幅值（长透水丁坝见图 4.14，短透水丁坝见图 4.15）几乎一致，阶

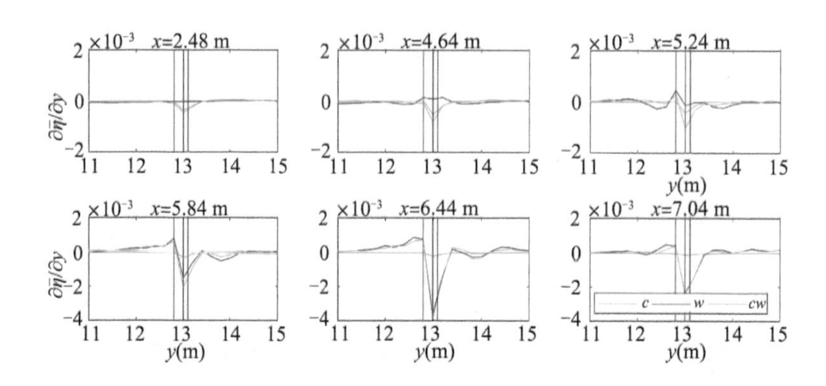

图 4.14 长丁坝区域三种水动力条件下,中间丁坝上游 0.2 m 处水平面沿岸梯度的变化,黑色实线表示中间丁坝的位置,"*c*"代表纯水流,"*w*"代表纯波浪,"*cw*"代表波流共存

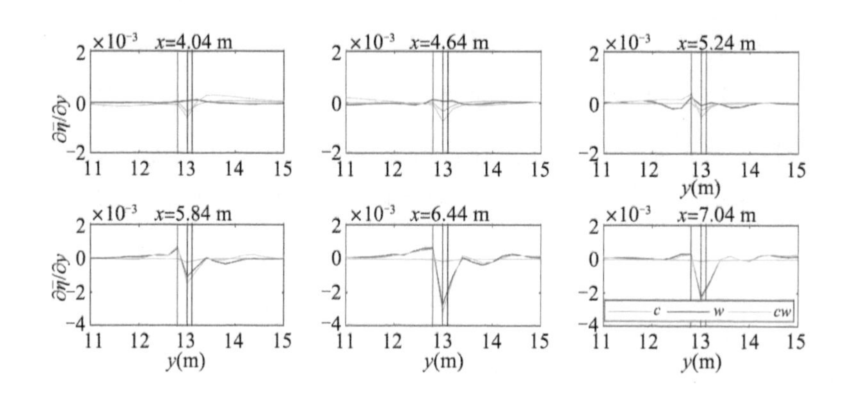

图 4.15 短丁坝区域三种水动力条件下,中间丁坝上游 0.2 m 处水平面沿岸梯度的变化,黑色实线表示中间丁坝的位置,"*c*"代表纯水流,"*w*"代表纯波浪,"*cw*"代表波流共存

数是$O(\times10^{-3})$,远大于纯水流条件下的$O(\times10^{-4})$。因此,破波带内沿岸流的减速作用主要受波浪主导。然而,在破碎带之外,由波浪导致的水平面沿岸梯度$\partial\bar{\eta}/\partial y$迅速减少并随着向海方向移动由负值变为正值。相反,纯水流条件下的$\partial\bar{\eta}/\partial y$增加并保持负值,其幅值比波流组合条件下的小。因此,在破波带之外,组合波流对沿岸流变化的影响与纯波浪的作用相反。

4.4.3　沿岸流速 $\overline{V}$

数值模拟表明在不同的水力条件下，透水丁坝能够有效地降低沿岸流速度(图 4.9、图 4.12)，与在实验室实验中测量得到的结果相同[5]。透水丁坝区域内相对沿岸流速度($\overline{V}/\overline{V}_0$)小于 1(图 4.9、图 4.12)。相对沿岸流速度($\overline{V}/\overline{V}_0$)在长透水丁坝坝头附近略大于 1(图 4.9)，在短透水丁坝坝头附近小于 1(图 4.12)。部分原因是在长透水丁坝坝头位置(离岸线 5 m 处)的水流速度是在短透水丁坝坝头位置(离岸线 3.5 m 处)的 1.6 倍。当流线在长透水丁坝坝头附近偏转和收缩，局部水流速度增大并部分抵消了由透水桩柱丁坝阻力引起的速度减小。另一个原因可能是透水丁坝坝头周围的水位梯度 $\partial\overline{\eta}/\partial y$ 存在差异。长透水丁坝坝头下游的水位梯度几乎为零(图 4.14 中的第一个子图)，短透水丁坝头下游的水位梯度则是正值(图 4.15 中的第一个子图)。一方面，由正水位梯度引起的静水压力与沿岸流流向相反，因此阻碍了沿岸流。另一方面，短透水丁坝群较短的透水丁坝间距限制了透水丁坝头部附近混合层的发育和动量交换。借鉴 Trampenau 等[4]提出的经验公式，关于透水丁坝渗透率和透水丁坝区域平均的 $\overline{V}/\overline{V}_0$ 的经验公式在图 4.16 中给出。透水率

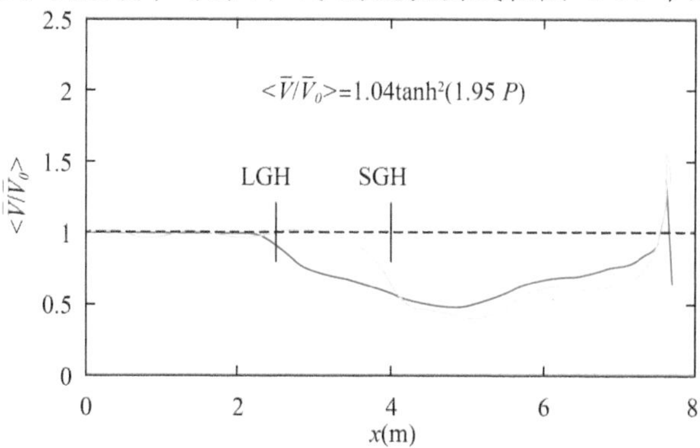

图 4.16　相对沿岸流速度 $\overline{V}/\overline{V}_0$ 在长丁坝群与短丁坝群区域沿岸平均的对比，黑色实线表示长(短)丁坝坝头的离岸位置，LGH 表示长丁坝坝头，SGH 表示短丁坝坝头，青色表示短丁坝 $\overline{V}/\overline{V}_0$，蓝色表示长丁坝 $\overline{V}/\overline{V}_0$，$P$ 表示丁坝透水率

为55%的长透水丁坝区域内的相对沿岸流速度减少到67%，而透水率为50%的短透水丁坝区域内的相对沿岸流速度减少到57%。经验公式显示了沿岸流速度的减小和透水丁坝透水率之间的非线性关系。但是，这个公式只能用于快速预测沿岸流速度的减小量，因为沿整个透水丁坝区域平均的沿岸流速度不能反映丁坝周围的局部沿岸流分布。

在透水丁坝向岸端的坝尾附近，相对沿岸流速度增加超过1.5倍。在波浪增水位置，相对沿岸流速度甚至增加了一个数量级(图4.17中静水线向岸0.02 m)。但如此剧烈的变化仅局限于距离透水丁坝上游1 m的区域。由于海岸线附近的水深非常浅，沿岸流的强度很弱，如此微弱的水流不会影响海滩的地形，因此在波高较小的条件下不需要被额外考虑。然而，当发生极端水位激增时，海滩上的淹没水深允许强沿岸流的发展。强沿岸流导致透水丁坝末端形成侧翼包抄的水流，水流冲刷海滩造成侵蚀，并且可能会影响到岸边的沙丘脚，例如，Bakker等[2]观察到在德国瓦尔内明德的透水丁坝岸端的海滩

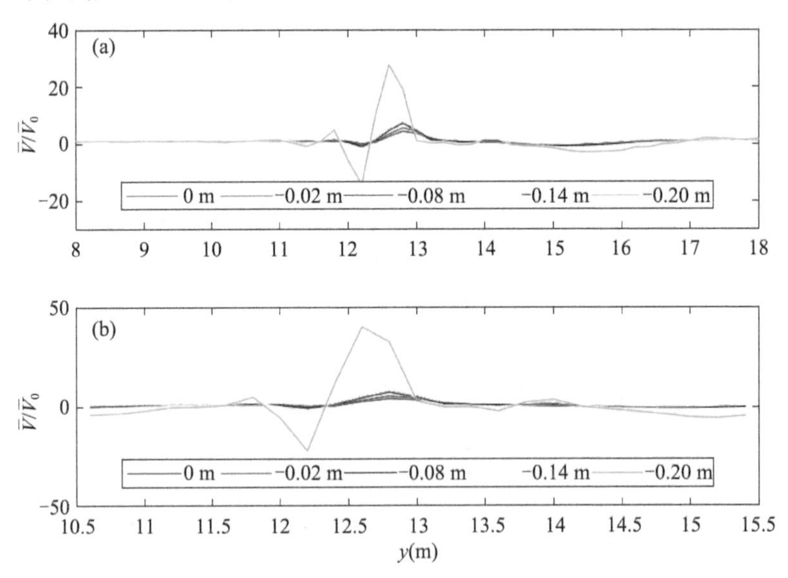

图4.17　丁坝坝头区域的相对沿岸流速度 $\overline{V}/\overline{V}_0$：
(a) 短丁坝群；(b) 长丁坝群。图例显示了不同的离岸位置

斜坡已出现侵蚀。强沿岸流甚至可能在风暴潮期间冲刷丁坝的桩柱，这是造成历史上荷兰透水丁坝工程失败的主要原因[2]。因此，透水丁坝从海岸线向岸延伸的距离需要慎重设计，并通过极端设计场景下的数值模拟预测确定透水丁坝的向岸延伸距离。向岸距离至少在波浪增水线之外。如果有沙丘，应避免由侧翼包抄的水流引起沙丘脚侵蚀，透水丁坝长度必须延伸到沙丘脚的位置。

为了分离波浪和水流对沿岸流速度减小的影响，我们对比在复合波流条件下、纯波条件下和纯水流条件下的沿岸流分布，如图 4.18 所示。横向剖面选取长透水丁坝群的中间透水丁坝上游 0.2 m 处。复合波流条件下，在破波带内，由于水流的存在，沿岸流速度减小率略小于纯波浪条件下的减小率；而在破波带区域以外，沿岸流速度减小率几乎与纯水流条件下的相同。$x=4$ m 和 $x=5$ m 时沿岸流速度减小率产生差异的原因很难确定，因为数值模拟计

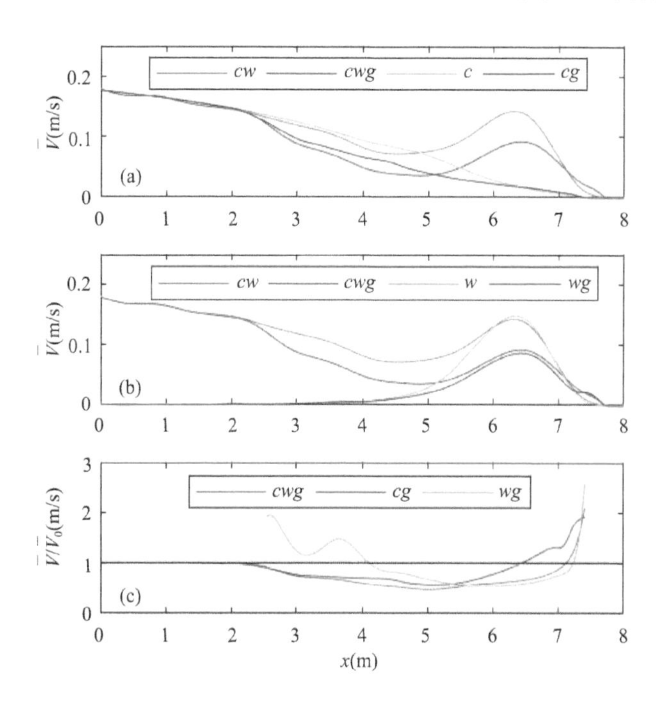

图 4.18 平均沿岸流速度的横向分布示意图，“*cw*”表示复合波流无丁坝的条件，“*c*”表示仅水流条件，“*w*”表示仅波浪条件，“*g*”表示有丁坝

算结果低估了该区域的沿岸流速度，表明计算存在一些不确定性。图4.18(a)显示在纯水流条件下，$\overline{V}$ 在岸边(从 x=6.5 m 到海岸线 x=7.5 m)增加；图4.18(b)显示在纯波条件下，$\overline{V}$ 在接近海岸线处(从 x=7.5 m 到海岸线 x=7.7 m)增加。

4.4.4 横向流速 $\overline{U}$

除了沿岸流速度分布，透水丁坝区域内波谷下横向回流也能被预测和分析。透水丁坝的存在会导致透水丁坝侧面附近产生裂流。透水丁坝上游离岸流的强度在破波带内最强。透水丁坝上游离岸流速度最大可以达到0.06 m/s(图4.19)，为无透水丁坝干扰下最大回流0.04 m/s的1.5倍。透水丁坝下游处的最大回流稍微减小，位置向岸移动(图4.21)。向岸运动的趋势与水位梯度峰值的向岸移动一致(见图4.20中 y=13.4 m 的子图)。最大相对横向流速度 $\overline{U}/\overline{U}_0$(受丁坝干扰的横向流速度与无丁坝干扰的横向流速

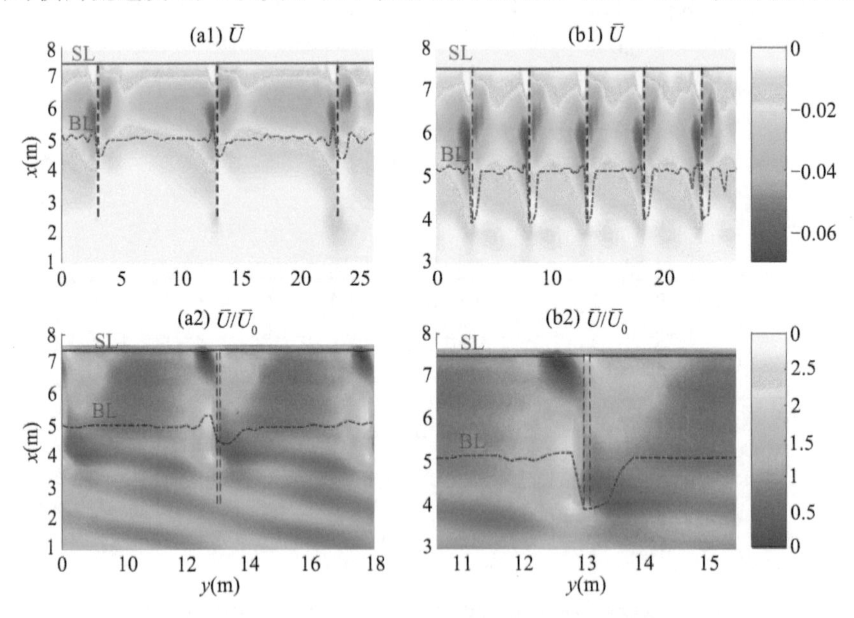

图 4.19 横向流速 $\overline{U}$ 示意图：(a1) 长丁坝群区域；(a2) 长丁坝群中间丁坝的局部区域；(b1) 短丁坝群区域；(b2) 短丁坝群中间丁坝的局部区域

度比值）位于破波线位置；最低的平均水位出现在透水丁坝占据的空间位置（图4.13）。较大的水位梯度与较大的裂流一致，出现在透水丁坝上游和破波带区域内（图 4.19(a2)和(b2)、图 4.20）。在纯水流条件下，裂流大小远小于组合波流条件下的值（图 4.21）。因此，透水丁坝的一侧受到增强的波浪产生的回流主导，从而导致横向流速 $\overline{U}$ 的增大。

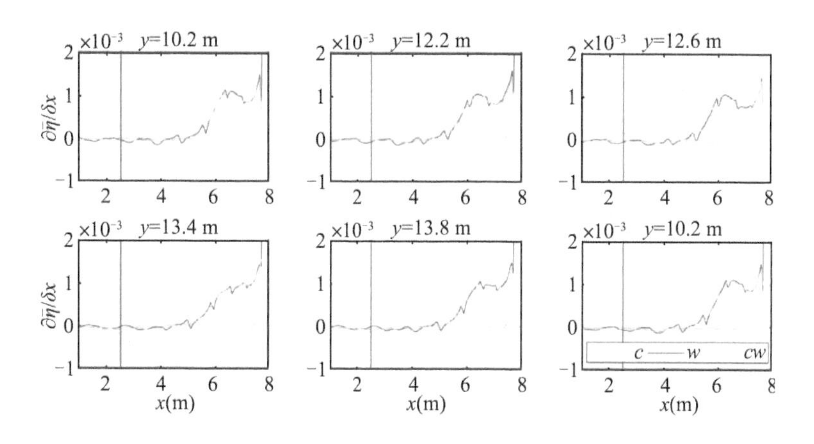

图 4.20　不同条件下平均水平面沿岸梯度$\partial\bar{\eta}/\partial x$ 示意图：
上图表示短丁坝群中间丁坝的 **3** 个上游位置，下图表示中间丁坝的 **3** 个下游位置。
黑色实线表示丁坝坝头的位置

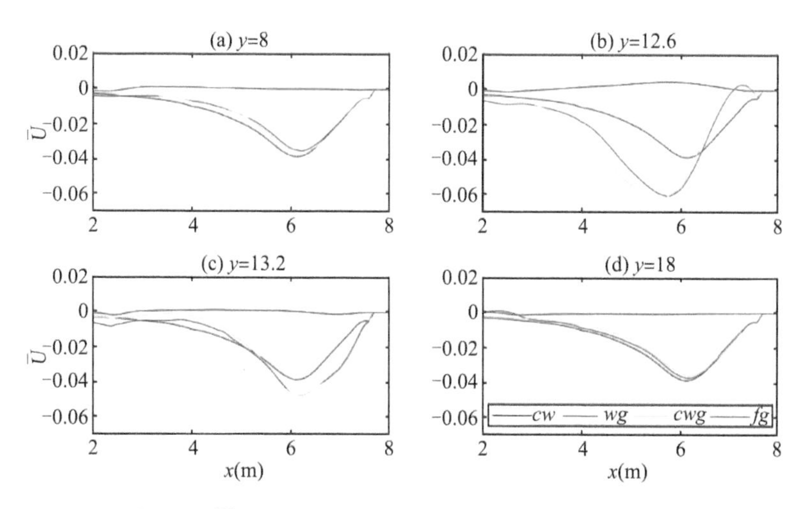

图 4.21　横向流速$\overline{U}$在长丁坝群中间丁坝附近 **4** 个不同沿岸位置的示意图：
(a) 上游半个破波带宽度；(b) 上游 **0.2 m**；(c)下游 **0.3 m**；(d) 下游半个破波带宽度

透水丁坝的另一个特点是,透水丁坝坝田内产生的流场是近乎均匀的。然而,不透水丁坝坝田内的流场由于环流和涡旋的存在,是不均匀的。与具有相同配置的不透水丁坝相比,透水丁坝的高透水性抑制了丁坝坝田内环流的发展和涡流的产生,减弱了离岸流的强度。

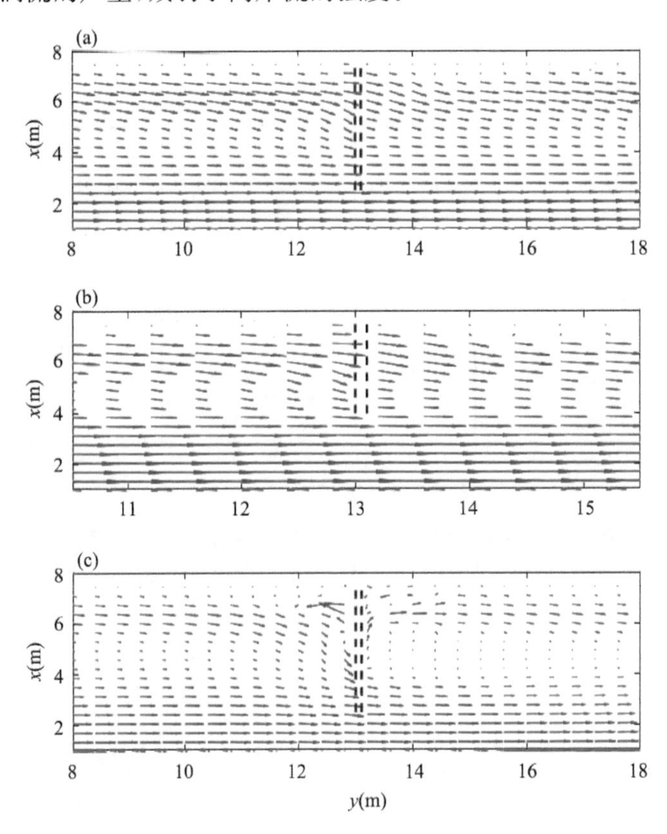

图 4.22　不同丁坝区域内的速度矢量场:(a) 长丁坝群;(b) 短丁坝群;(c) 不透水丁坝群

4.4.5　沿岸流量$<\overline{q}>$

由数值模型计算的沿岸流量,即沿岸流速度与水深的乘积,如图 4.23 所示。与没有透水丁坝的海岸相比,沿岸流量的最大减幅,长透水丁坝群可达到 50%,短透水丁坝群可达到 40 %。研究结果表明,破波带内短透水丁坝群减少的沿岸流量略多于长透水丁坝群的(图 4.23)，破波带外长透水丁坝群减少的沿岸流量多于短透水丁坝群的。从沿透水丁坝长度积分总沿岸流量减小率的角度来看，对于总长度相当的透水丁坝群而言，长透水丁坝比短透水丁坝能够更有效地减小沿岸流量，虽然这两种透水丁坝群有相当的总长度。

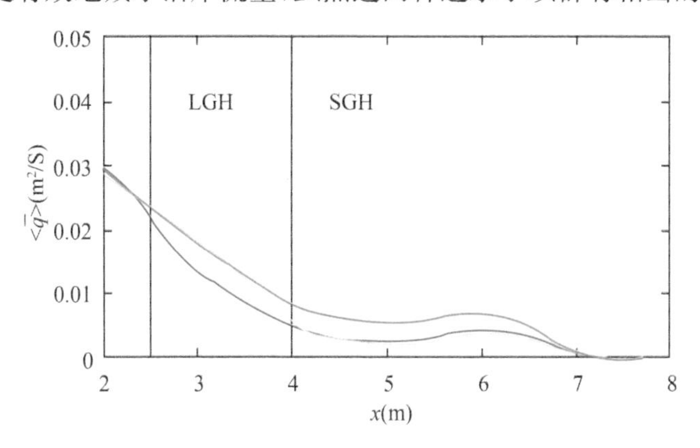

图 4.23　丁坝区域沿岸平均的沿岸流量 $< \bar{q} >$ 示意图，黑色实线表示长(短)丁坝头部的位置，红色实线表示无丁坝条件，青色实线表示短丁坝群，蓝色实线表示长丁坝群

4.5　本章小结

本章使用相位解析的 SWASH 波流模型对海滩上透水桩柱丁坝场内的水动力特征进行了研究。在本章研究中，验证了 SWASH 模型的多层模式能够预测沿岸流的流速剖面及丁坝-波流之间的相互作用。首先，数值模拟了无丁坝均匀海岸上的波流以校准模型参数。计算的沿岸流分布与实验室观察结果非常吻合。为了验证透水桩柱丁坝和组合波流的相互作用，向透水桩柱丁坝引入校准的水动力模型。模拟结果清楚地表明，透水桩柱丁坝几乎不会衰减近岸波浪能，波高的减小只发生在丁坝下游有限的波影区内。然而，透水桩柱丁坝会显著减缓沿岸流速度。透水桩柱丁坝阻滞沿岸流的流动预计会削弱沿岸流输运泥沙的能力。在透水桩柱丁坝坝田内，通过透水率为 55%的 3 个长透水丁坝的平均沿岸流速度减小 33%，通过透水率为 50%的 5 个短透水桩柱丁坝的平均沿岸流速度减小 43%。根据 Trampenau 等[4]的总结，推导出一个具有二阶双曲正切形式的相对沿岸流速度与透水桩柱丁坝透水率之间的经验公式，当总长度相当时，沿岸流量减小率表明相较于短透水丁坝，长透水丁坝的缓流功能更好。

除了透水桩柱丁坝工程海岸沿岸流的变化，作者还研究了垂岸横向水流的大小。由于破波带内由丁坝两侧波浪增减水导致的平均水位的梯度很大，所以强离岸裂流集中在破波带区域内。由于两组透水丁坝的透水率较大，故在长丁坝和短丁坝坝田内均未发现明显的回流和涡旋产生。

数值计算结果与实验测量结果的总体一致性揭示了 SWASH 模型计算中受透水桩柱丁坝影响的波流场的可靠性与准确性。深入理解透水桩柱丁坝的水动力特征，可以更准确地预测透水桩坝对沿岸泥沙输运的影响。通过数值模拟计算透水桩柱丁坝系统对近岸波流场的影响，可为透水桩柱丁坝的设计提供科学依据。

4.6 本章附录

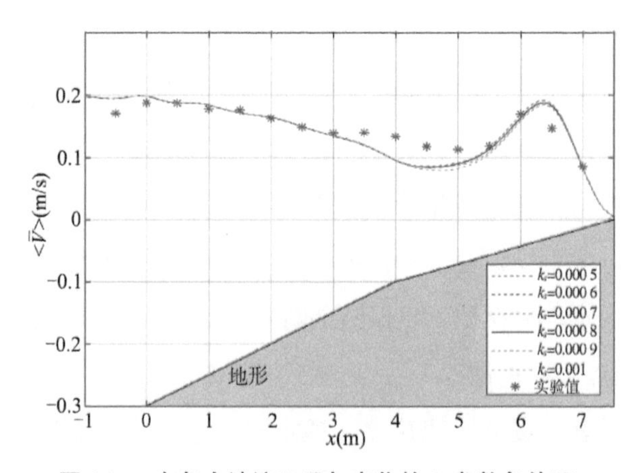

图 A1. 在复合波流工况与变化的 k_s 参数条件下，
计算的水面处在长丁坝群区域沿岸平均的时均沿岸流速度$<\overline{V}_s>$

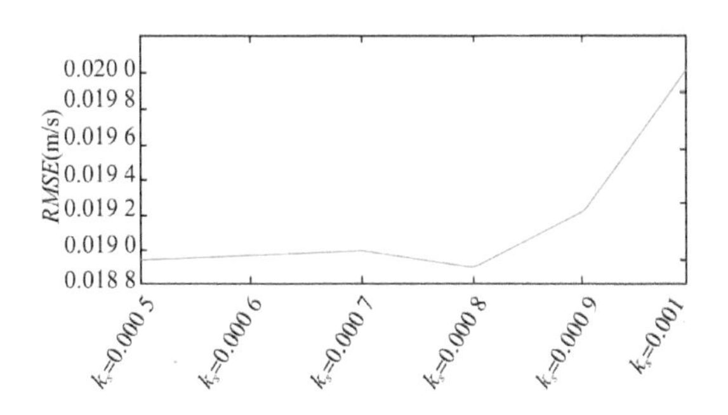

图 A2. 在变化的 k_s 参数条件下，计算的水面处在长丁坝群区域沿岸平均的时均沿岸流速度 $<\overline{V}_s>$ 的均方根误差(**RMSE**)

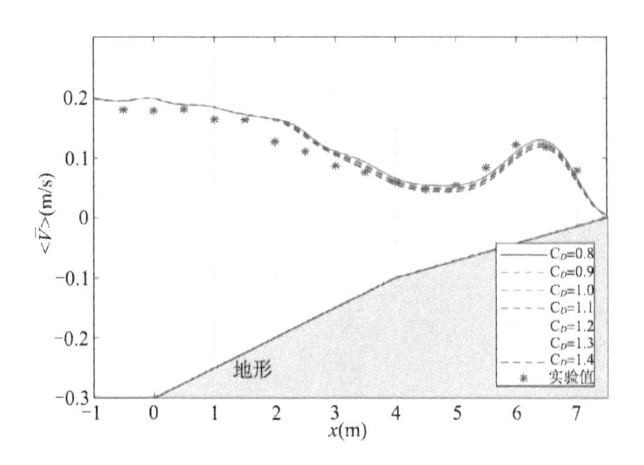

图 A3. 在复合波流工况与变化的 C_D 参数条件下，计算的水面处在长丁坝群区域沿岸平均的时均沿岸流速度 $<\overline{V}_s>$

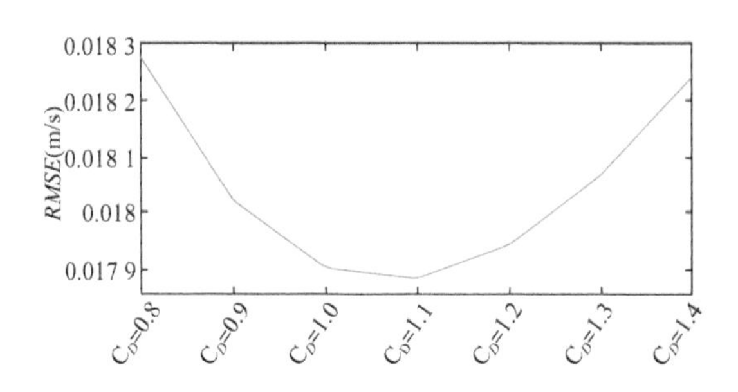

图 A4. 在变化的 C_D 参数条件下，计算的水面处在长丁坝群区域沿岸平均的时均沿岸流速度 $<\overline{V}_s>$ 的均方根误差 (**RMSE**)

第五章

透水桩柱丁坝平面布局对沿岸流的影响

5.1 研究背景

海岸丁坝已被使用长达几个世纪，但与众多其他的海岸保护结构相比，人们对丁坝的理解还不够深入，缺乏对丁坝水动力特征与环境要素之间相关关系的研究[2,3,68,69]。根据透水性，丁坝可以分为两种，即透水丁坝和不透水丁坝。在本章的研究中，研究对象为由木桩组成的特定形式的透水桩柱丁坝。与不透水丁坝（例如堆石丁坝）相比，透水桩柱丁坝（以下简称透水桩坝）因其吸引人的自然外观，以及易于施工和由可再生木材制成的优点[60]，获得了日益增长的关注。此外，由于沿岸泥沙可以通过透水桩坝的空隙输送，相较于不透水丁坝，透水桩坝的副作用是令下游海岸侵蚀较小。因此，透水桩坝对下游海滩有轻微的影响，并导致连续的岸线响应。所以，作为一种有应用前景、经济、灵活的海岸保护措施，透水桩坝值得被给予深入调查与研究[2]。

透水桩坝的主要功能是减缓沿岸流，消除丁坝区域内的环流并削弱沿丁坝的离岸流[12,59]。透水桩坝不会完全拦截沿岸泥沙输运，而是通过对沿岸流施加阻力，延缓沿岸流速度并削弱其输送泥沙的能力，从而促进泥沙沉积。而且，沿岸流速度的降低能够抑制海床上湍流的产生，进而减少悬浮沉积物的数量。因此，沿岸流携带泥沙的能力会下降[12]。过去的实地调查结果表明，大量的透水桩坝使岸线衰退得到有效遏制，并促进了近岸地区的淤长[2-4,13,14,61,63]。针对英格兰南部海岸海滩剖面演变进行的为期五年的监测结果表明，透水桩坝建造后，海滩高程出现了增加[14]。与没有丁坝的天然海岸相比，由透水桩坝导致的海滩剖面演变包含海滩高程的增长以及从海岸线到海槽的海滩坡度的变缓。该演变意味着波浪能在更远离岸线的位置消散，形成更宽的波浪缓冲区，减小了单位面积的波浪载荷并降低了海岸侵蚀的风险[16]。相似地，由1993年至1997年在波罗的海沿岸进行的大量实地调查给出的结果表明，透水桩坝引起的积极影响包含：①岸线向海显著推进；②海滩高程的持续增长；③近岸浅滩向海运动[13]。透水桩坝的海岸保护机制可分为间接保护机制和直接保护机制。间接保护机制通过促进海岸淤积来发挥作用，直接保护机制则通过影响沿岸水动力来实现保护效果[13]。以美国佛罗里达州那不勒斯海滩为例，现场监测的结果显示，透水丁坝试点工程提高了海滩高程并且对邻近海岸没有明显的不利影响，其作用效果符合稳定海滩的预期[3]。Bakker等[2]回顾了透水桩坝在荷兰的应用，由于缺乏具有统计学意义的证据，因此得出的透水桩坝的作用是有争议的。例如荷兰海岸的一些透水桩坝工程起到了预期作用，然而在另一些工程项目中由于对工程区域产生不利影响从而被终止了。

在评估透水桩坝对自然海岸地貌演变过程的影响时，往往难以区分自然因素和非自然因素的影响，例如长期的地貌演变趋势和人类活动干预（例如海滩养护）等因素可能同时存在[2]，会对背景环境产生影响，使得在评估中难以区分。因此在本研究中，仅针对透水桩坝的水动力特性进行模拟，以研究透水桩坝在不同的水动力条件下的水利功能。通过开展不同组次的数值模拟实验来分析透水桩坝不同配置参数的影响，例如丁坝长度和丁坝间距。本章的研究目的是量化透水桩柱丁坝群的布置参数与沿岸流速度减小率之间的相关关系。模拟结果可为改进透水桩坝的设计提供科学依据。

在本章中，模拟了不同水动力及不同透水桩坝群布局形式条件下的近岸波流场。在5.2节中简要概述了透水桩柱的设计准则，并介绍了数值实验的设置；在5.3节中简要介绍了SWASH波流数值模型；在5.4节中分析与比较了模拟结果；在最后一节中展开了讨论并对本章的内容进行了总结。

5.2 研究方法

5.2.1 透水丁坝的设计要素

丁坝的主要设计要素包含丁坝长度、丁坝高度(顶高)、丁坝间距、丁坝群平面布局等。本章内容关注丁坝的长度与间距，经过文献调查，这两项丁坝设计参数的选取依据如下。

(1) 丁坝长度

丁坝长度可根据海岸防护所需的沿岸输沙减少量推算得到。通常建议丁坝长度大于破波带的平均宽度，到达低潮水位线[3]。Trampenau 等[4]指出，当丁坝长度与破波带宽度在同一数量级时，透水桩坝能够发挥最佳的缓流性能。为了避免丁坝尾部与海岸交接处形成的沿岸线方向的侧翼包抄水流冲刷海岸，建议丁坝尾部向陆延伸足够的距离至高水位线[3,4]、沙丘脚或海堤堤脚处[1]。

(2) 丁坝间距

丁坝间距与丁坝长度密切相关，因为丁坝长度决定了丁坝影响的区域范围。如果波浪入射角近乎垂直于岸线，丁坝沿岸间隔便可以足够宽。Raudkivi[59]发现在波罗的海南部海岸上，当丁坝平均间距是丁坝长度的 1.5 倍时，可有效防止丁坝坝田内产生大尺度的环流。Poff 等[3]建议丁坝间距应等于受影响的海岸长度。

5.2.2 数值模拟实验

本章采用 SWASH 波流模型开展数值模拟实验，控制方程详见第三章。水平方向的动量方程如下：

$$\frac{\partial u_i}{\partial t}+\frac{\partial u_i u_j}{\partial x_j}+\frac{\partial u_i w}{\partial z}=-\frac{1}{\rho}\frac{\partial(p_h+p_{nh})}{\partial x_i}+\frac{\partial \tau_{ij}}{\partial x_j}+\frac{\partial \tau_{iz}}{\partial z}-\frac{1}{\rho}F_i \quad (5.1)$$

考虑由桩柱阻力引起的动量损失，在方程(5.1)的右侧以 F_i 表示由桩柱阻力引起的动量汇项，该汇项 F_i 表示如下：

$$F_i=\frac{1}{2}\rho C_D N D u_i|\vec{u}|+\rho(1+C_m)NA\frac{\mathrm{d}u_i}{\mathrm{d}t} \quad (5.2)$$

其中，C_D 是阻力系数，N 是每单位面积的圆柱数，D 是圆柱直径，C_m 是附加质量系数，$A\,(=\frac{\pi}{4}D^2)$是桩柱投影面积。F_i 是在横向或沿岸方向的单位高度的圆柱施加的阻力。

在本章研究中，9 个模拟算例考虑了不同的波浪工况和丁坝配置参数，包含了从小波到中波的波况。波浪入射波角度都是 30°，波浪参数见表 5.1。除了不同的波浪条件，还研究了 3 种丁坝间距和 4 种丁坝长度。相对丁坝间距(Y_g/L_g，其中 Y_g 是丁坝间距，L_g 是丁坝长度)范围为 1∶1、1∶1.5 和1∶2。丁坝长度设置为破波带宽度的 109%、99%、84%与 69%。丁坝高度是常数并且是完全出水的。

表 5.1　实验参数

波浪参数					
H (m)	T (s)	θ(°)	波况	H_b(m)	x_b(m)
0.03	1	30	小波	0.031 9	2.02
	1.5	30	小波	0.041 3	2.32
	2	30	小波	0.044 0	2.80
	2.5	30	小波	0.045 4	2.86
0.05	1.26	30	中波	0.062 0	3.50
透水丁坝参数					
L_g(m)	x_b(m)	L_g/x_b	Y_g(m)	Y_g/L_g	P (%)
1.4	2.02	0.69∶1	2.2	1.57∶1	50
1.7	2.02	0.84∶1	2.2	1.29∶1	50

续表

透水丁坝参数					
$L_g(m)$	$x_b(m)$	L_g/x_b	$Y_g(m)$	Y_g/L_g	P (%)
2.0	2.02	0.99∶1	2.2	1.09∶1	50
2.2	2.02	1.09∶1	2.2/3.3/4.4	1∶1/1∶1.5/∶1∶2	50
3.5	3.5	1∶1	3.5/5.3/7	1∶1/1∶1.5/∶1∶2	50

5.3 模拟结果

本节通过与实验测量数据进行对比，验证数值模型模拟透水丁坝区域内水动力的能力。从 Hulsbergen 和 ter Horst[5] 以及 Trampenau 等[4] 的物理实验中选取两组数据用来验证数学模型。Hulsbergen 和 ter Horst[5] 的实验研究了波流组合条件下透水双排桩丁坝内的波流场，而 Trampenau 等[4] 的研究重点是单独波浪和单独水流条件下的透水单排桩丁坝的波流场特征。

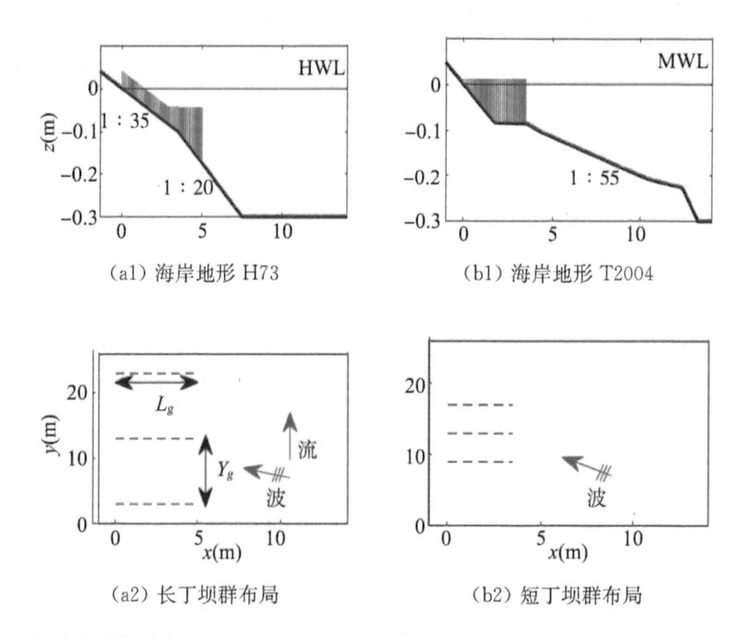

(a1) 海岸地形 H73　(b1) 海岸地形 T2004

(a2) 长丁坝群布局　(b2) 短丁坝群布局

图 5.1　实验中的海岸剖面:(a1) Hulsbergen 和 ter Horst 的实验;(b1) Trampenau 等的实验,蓝色实线表明透水丁坝的剖面形状。下面的两个子图展示了两种丁坝的平面布置

5.3.1　Hulsbergen 和 ter Horst 的实验

Hulsbergen 和 ter Horst[5]开展了一系列实验来研究波流条件下透水桩坝群平面布置的优化。实验比尺为 1∶40；波浪（$H=0.03$ m，$T=1.04$ s）以 15°角斜向入射，叠加在沿岸（$\theta=90°$）恒定的水流上；0.3 m 水深处的恒定流速约 0.2 m/s（图 5.2(a)）；透水桩坝由两排桩柱组成，桩柱直径为 0.006 m，排间距为 0.087 5 m；透水率随丁坝长度变化，由陆向海从 50%增加到 67%，平均透水率为 55%（丁坝透水率的定义为丁坝空隙面积除以横截面总面积的百分数）。数值实验选取其中一种由 3 个 5 m 长的丁坝组成，间距为 10 m 的丁坝群布局进行重演。有关数值模拟详细的参数校准和验证过程，可参阅 Zhang 和 Stive[70]的文章。在本小节中，仅对比数值模拟和实验测量的沿丁坝区域平均的沿岸流结果。

从整体上看，通过数值模拟与实验测量得出的透水桩坝场内的沿岸流速度吻合得很好，如图 5.2 所示。数值模型较好地模拟了透水桩坝对沿岸流速度的减缓作用。由于透水桩坝在破波带区域（例如离岸 2 m 处）大多是出水的，所以此处的沿岸流速度被有效减缓；而在透水桩坝临海端（离岸 5 m 处）透水桩坝被淹没以及强混合，导致沿岸流速度的减缓有限。

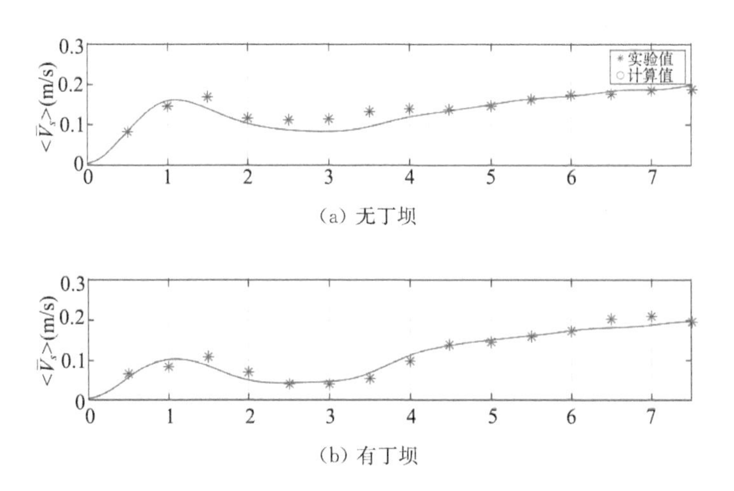

(a) 无丁坝

(b) 有丁坝

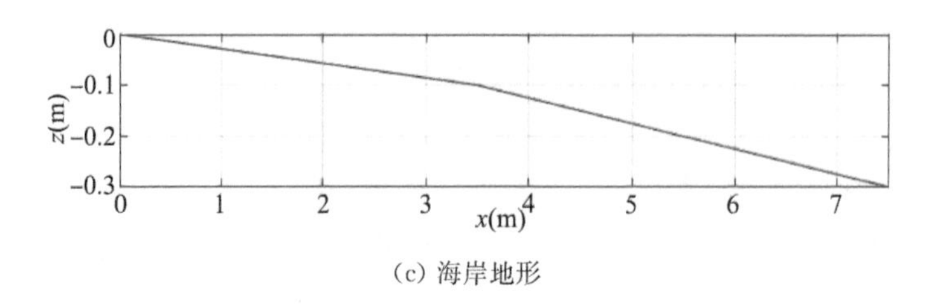

(c) 海岸地形

图 5.2 沿岸平均的平均沿岸流速度 $<\overline{V}_s>$ 实验测量值与数值计算值的对比

5.3.2 Trampenau 等的实验

Trampenau 等[4]在 Leichtweiss 研究所(LWI)长 26 m、宽 19 m 的波浪港池中进行了系统的物理模型实验,研究了丁坝配置参数与沿岸流速度、水位变化之间的相关关系。实验比尺为 1∶20;海岸剖面地形在海岸线附近是坡度为 1∶20 的海滩,连接一个坡度约为 1∶200 的近乎水平的海底台地,接着由坡度为 1∶55 的缓坡延伸至平坦的底部(图 5.1(b1))。选择斜向入射规则波其中一个波况条件(H=0.05 m,T=1.23 s,θ=30°)来验证数值模型。选定的单排桩丁坝的透水率为 50%,丁坝的桩柱直径为 0.01 m,丁坝长度(L_g)等于破波带区的宽度 (x_b)。

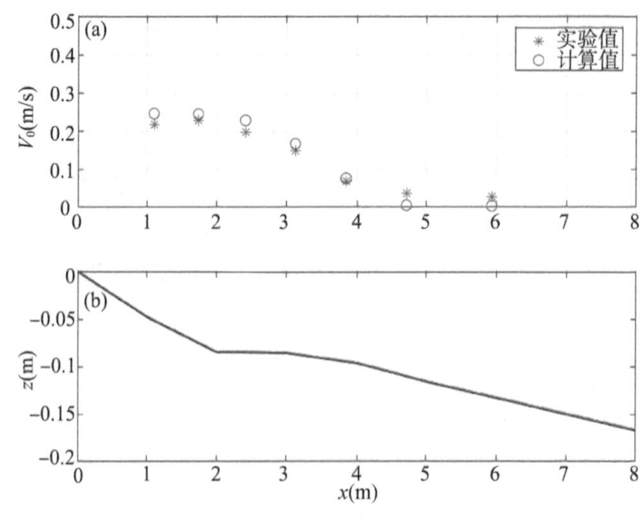

图 5.3 无丁坝影响的沿岸流速度分布

在数值模拟中，计算域在垂直方向被划分为10层，x方向400个网格，y方向260个网格。计算域长15 m，宽26 m。底部粗糙系数根据校准Hulsbergen和ter Horst[5]的实验进行设置，取值0.000 8 m。在5.3节中，对比了实测与计算的没有丁坝效应的光滩上的沿岸流速度。计算得出的沿岸流流速与实测值吻合良好，最大沿岸流速度V=0.23 m/s出现在离岸线2 m处。当有丁坝干扰时，阻力系数C_D设置为1.1。省略对C_D的校准的原因是缺乏足够的验证数据。根据通过实验得到的无量纲的相对沿岸流速度计算沿岸流速度会引入不确定性。因此，数值模拟结果在定性方面具有更高的可靠性。当丁坝透水率为50%时，圆柱密度为5 000/m^2。在破波带区内模拟的相对沿岸流速度与测量值相似(见图5.4)。相对沿岸流速度是上游第一个丁坝下游0.5 m处的沿岸流速度与无丁坝干扰的沿岸流速度比值。根据通过实验得到的无量纲相对沿岸流速度计算得到的沿岸流速度被作为参考值在图5.4(b)中给出。相对沿岸流速度从透水桩坝的头部到岸线处被数值模拟成功地再现(图5.4(a))，除了在向海的丁坝头部(x=3.5 m处)被低估，这里的被低估是由于沿岸流在丁坝头部附近向更远的海里偏转，如图5.4(b)所示。沿岸流

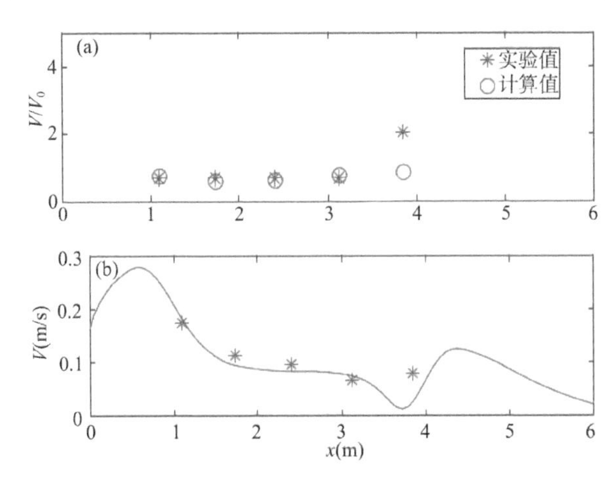

图5.4 丁坝下游0.5 m处的(a)相对沿岸流速度V/V_0和(b)沿岸流速度V，丁坝透水率为50%

偏转较远是由于 SWASH 模型中透水桩坝的植入方法存在不完善之处，数学模型未对桩体与透水桩坝空隙中的水流之间的相互作用进行解析，仅计算了丁坝区域透水桩坝对水体施加的阻力。SWASH 模型简化了透水桩坝的表达，丁坝区域内沿岸流速度的减小被准确模拟，然而丁坝局部的沿岸流速度出现了偏差。

据观察，在物理模型实验中，透水桩坝的透水率越低，丁坝区域内的沿岸流速度下降得也越多。实验数据表明，当透水率为 30%时，第一个丁坝下游 0.5 m 处的沿岸流速度减至无丁坝干扰下沿岸流速度的 62%；当丁坝透水率为 50%时，则会减至 27%。Suzuki 等[71]发现，刚性植物的透水率很低，因此孔隙效应对波浪在植被带上的传播很重要。数值模型中，刚性植物的表达与 SWASH 模型中透水桩坝的表达相同，都为刚性圆柱。相似地，对 SWASH 模型中低透水率的透水桩坝对沿岸流的影响进行了测试。图 5.5(b)表明当考虑孔隙效应时，SWASH 模型可更准确地计算沿岸流速度减小率。然而，当惯性系数 $C_m=1$ 时，是否考虑孔隙效应对模拟结果没有太大影响(见图 5.5)。从整体上看，由 SWASH 模型计算的丁坝下游沿岸流速度剖面与实验结果一致。但丁坝下游沿岸流减少率被低估了，部分是因为透水桩坝的体积在模型中没有被解析，仅在计算单元网格内解析了透水桩坝对流体施加的力(例如阻力、惯性力)。在本模拟计算中，计算网格的空间分辨率为 0.04 m，是透水桩坝桩柱直径(0.01 m)的 4 倍。由于丁坝由单排桩柱组成，丁坝宽度等于桩柱直径，所以透水桩坝阻力平均在较粗的网格单元上，导致单位面积的受力减小。并且，模型中的孔隙率($n=1-N\cdot\pi\cdot D^2/4$，其中 N 是桩柱密度)需随着桩柱密度的变化而改变，以保证丁坝受力面积是常数，即 $N\cdot D=N\cdot\Delta y$。此外，丁坝坝尾和坝头处出现显著的沿岸流速度偏差，这说明在这些位置观测到的沿岸流梯度被低估，因此在计算局部动量混合时需要更精确的涡黏模型。

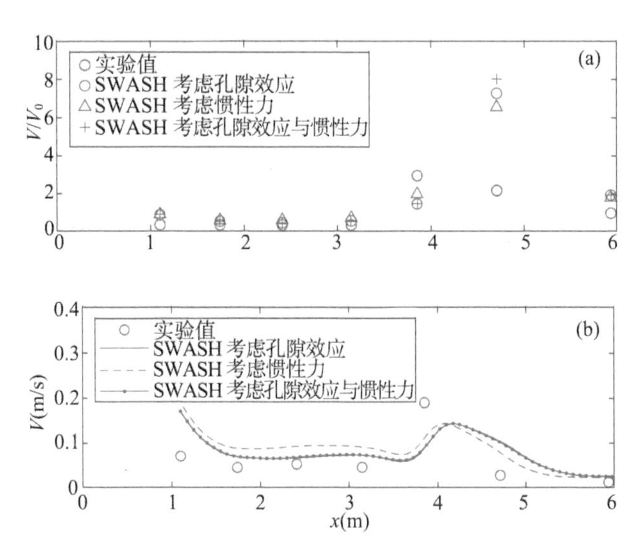

图 5.5　丁坝下游 0.5 m 处的(a) 相对沿岸流速度 V/V_0 和(b) 沿岸流速度，丁坝透水率为 30%

5.4　丁坝平面布局的影响

在本节中，将不同波浪条件下不同丁坝布局的模拟结果进行比较。选取 Hulsberge 和 ter Horst[5] 实验中的海滩地形与由双排桩柱组成的透水桩坝形式，相比于单排丁坝，双排丁坝的宽度更接近计算网格分辨率。因此，当保持丁坝阻力面积为常数时，空隙率和单位丁坝阻力更接近丁坝的真实情况。

(1) 丁坝间距

为了研究丁坝间距对沿岸流速度减小率的影响，对比了三种丁坝长度与丁坝间距的空间比(即 1∶1、1∶1.5 和 1∶2)。丁坝长度在小波条件下为 2.2 m，在中波条件下为 3.5 m，它们都略大于破碎带宽度。透水桩坝的透水率为 50%。当空间比为 1∶1 时，在小波(H=0.03 m)条件下，最大沿岸流速度减少 65%；当丁坝间距增加到 1.5 倍和 2 倍丁坝长度时，透水桩坝的沿岸流速度减小率分别为 57%和 51%(见图 5.6)。在中波(H=0.05 m)条件下，结果相似，当空间比为 1∶1、1∶1.5 和 1∶2 时，沿岸流速度减小率分别为

65%、57%和41%(见图5.7)。小波条件下的沿岸流速度增大的空间范围为从丁坝坝头延伸至丁坝长度的20%,在中波条件下大约是到丁坝长度的30%。

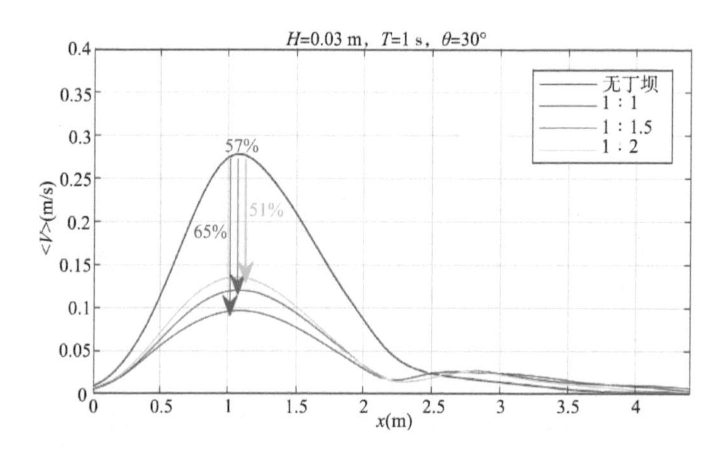

图5.6 $H=0.03$ m时,不同丁坝间距与长度比值条件下的沿岸流速度对比,丁坝透水率为50%

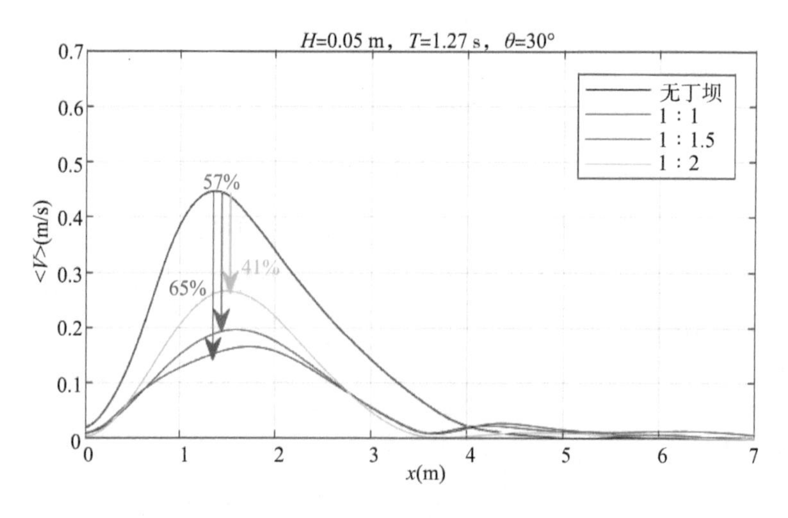

图5.7 $H=0.05$ m时,不同丁坝间距与长度比值条件下的沿岸流速度对比,丁坝透水率为50%

(2) 丁坝长度

除了丁坝的空间比,丁坝长度也是一个至关重要的配置参数。为了量化不同丁坝长度影响下的沿岸流速度减小率的差异,模拟了4种不同的丁坝长度。小波(H=0.3 m,T=1 s)条件下,破波带宽度为 2.02 m。丁坝长度分别为 2.2 m、2.02 m、1.7 m 和 1.4 m,则丁坝长度与破波带宽度的比例依次为 109%、99%、84%和 69%。由图 5.8 可见,当丁坝长度略长(L_g/x_b=109%)或与破波带宽度几乎相同(L_g/x_b=99%)时,沿岸流速度被有效地减小。当丁坝长度比破波带宽度短 16%时,破波带中部最大沿岸流流速被显著减小,但丁坝坝头处沿岸流速度几乎不会被减小,在破波线处(即从向海 2 m 到向海 4 m,见图 5.8(c))则被显著增大。对于最短的丁坝长度(L_g=1.4 m,L_g/x_b=69%),最大沿岸流速度减小率从大约 35%增加到 40%。从丁坝坝头到破波线,沿岸流速度增大。当离岸距离达到丁坝长度的 19%或达到破波带宽度的 82%时,沿岸流速度达到最大。上述结果表明,为了有效减小沿岸流速度,丁坝长度应与破波带宽度接近,以满足设计要求。根据模拟结果,建议丁坝长度不应小于破波带宽度的 85%。

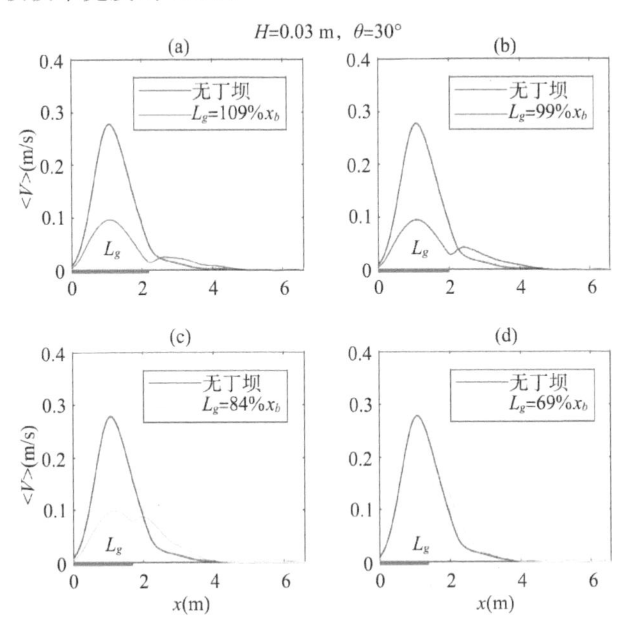

图 5.8　H=0.03 m,不同丁坝长度条件下沿岸流速度对比,丁坝透水率为 50%

（3）波浪周期

图 5.9 给出了不同波浪周期条件下有/无丁坝影响的沿岸流的模拟结果。波周期变化范围为 1.0～2.5 s；波高为 0.03 m；丁坝间距等于丁坝长度，设置为 2.2 m；波浪入射角度为 30°。没有丁坝干预时，沿岸流是沿岸均匀的。在横向上，沿岸流主要分布在破波带区域内。对于给定的波高，当波周期较长时，破波位置进一步向海移动，从 $T=1$ s 时的 2.02 m 到 $T=2.5$ s 时的 2.86 m（见表 5.1），沿岸流向海扩散，分布范围最远至离岸约 4 m 处（见图 5.9）。随着波浪周期的增长，最大沿岸流速度也略有增大。然而根据斯涅尔折射定律，当波浪更长时，长波会比短波更快速地向海岸法线方向折射。由于破波带沿岸流速度平均值与两倍的破波角正弦值成正相关，因此较长波浪的破波角较小，进而导致最大沿岸流速度的降低，这抵消了部分波周期增长对沿岸流速度的影响。

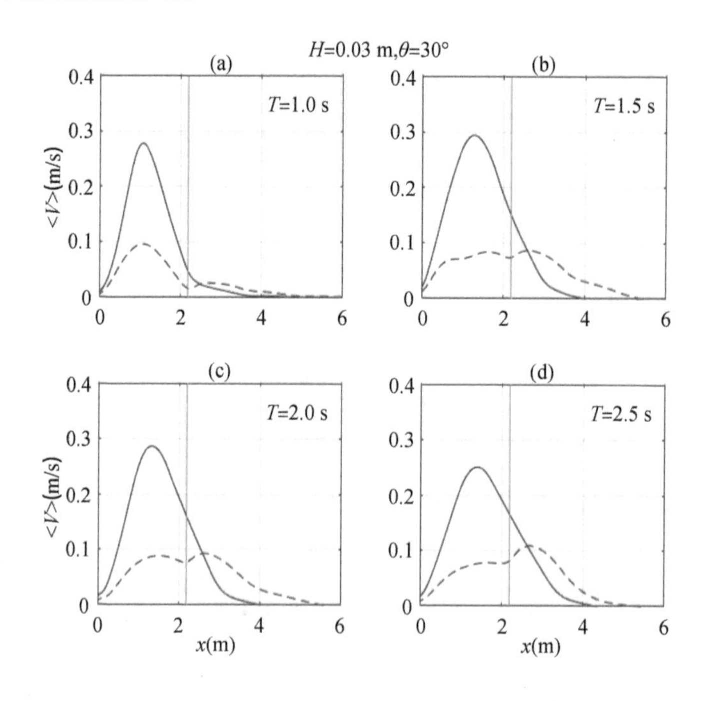

图 5.9　$H=0.03$ m，不同波浪周期条件下沿岸流速度对比，丁坝透水率为 50%

数值模拟的计算结果表明，丁坝区域内沿岸流速度被有效地减小。在所有计算的波浪条件下，丁坝坝头处的沿岸流速度增大。然而，当波周期大于 1.5 s 时，在丁坝头部附近出现第二个沿岸流速度峰值。当波周期增大到 2.5 s时，向海的沿岸流速度峰值甚至大于破波带内的沿岸流速度峰值(图 5.10(d))。第二个沿岸流速度峰值可以解释为长波的初始破碎位置更远。如图 5.10 所示，丁坝头部增强的沿岸流被丁坝挑向深水。当波长较短时，增强的沿岸流被导向斜向岸线的方向。越往丁坝下游，丁坝头部沿岸流增强得越不显著，因此当沿丁坝群沿岸方向对沿岸流速度进行平均，沿岸流在丁坝头部的增强程度不被体现。当波长较长时，沿岸流通过丁坝坝头被导向到与岸线近似平行的方向，甚至形成一个均匀的第二个沿岸流速度峰值带(图 5.10(d))。当丁坝长度不大于破波带宽度时，第二个沿岸流速度峰值幅度可能与第一个沿岸流速度峰值相当，甚至大于第一个峰值。

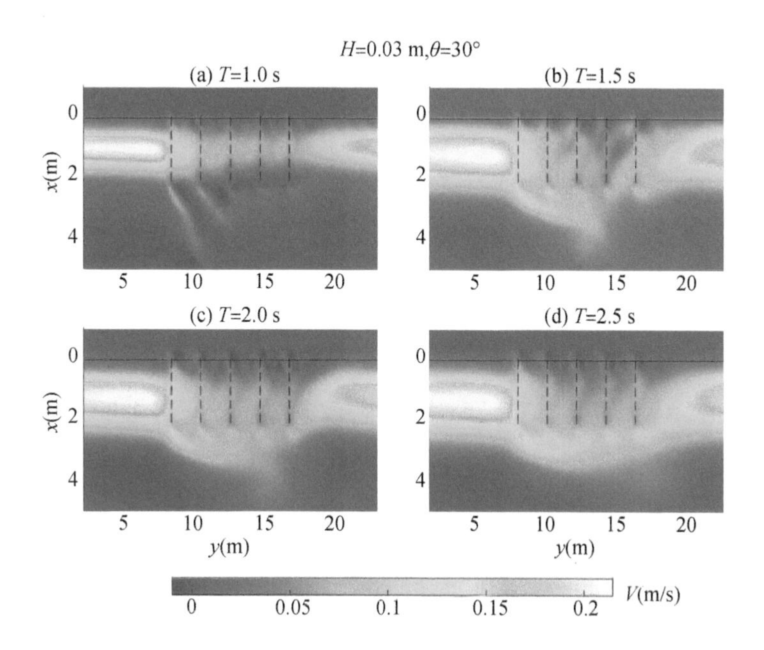

图 5.10　不同波周期条件下沿岸流流场的对比，黑色虚线表示透水丁坝的位置，红色实线表示岸线的位置

5.5 本章小结

本章的研究目的是辅以数值模型模拟结果来优化透水桩柱丁坝的设计。使用波相位解析、考虑非静水压力条件下的 SWASH 模型模拟透水丁坝坝田内的沿岸流流场。本研究通过使用 Trampenau 等[4]的实验数据验证 SWASH 模型模拟透水桩坝与波流之间的相互作用。数值模拟结果与实验室观测结果吻合良好。经过验证的数值模型进一步用于研究不同波浪条件下不同的透水桩坝配置参数对沿岸流的影响。

在本章的研究中，比较了在不同的透水桩坝布局条件下丁坝延缓沿岸流的能力。在不同的波浪条件下(例如不同的波浪高度、波周期)，分析透水桩坝两个设计变量的影响，即丁坝长度与丁坝间距的空间比、丁坝相对破波带宽度的长度。

在小波条件下，沿岸流速度减小率随着丁坝之间间隔距离的增加而减小。当丁坝间距为丁坝长度的 1.5 倍时，相比于丁坝间距等于丁坝长度的情况，沿岸流速度减小率降低了 8%。随着丁坝间距增大到丁坝长度的 2 倍，沿岸流速度减小率从 57%下降至 51%。在中波条件下，当丁坝间距和长度比为 1∶1 和1.5∶1时，沿岸流速度减小率几乎与小波条件下的相同。当丁坝间距和长度比为2∶1时，沿岸流速度减小率从 57%显著下降至 41%。结果表明，当丁坝间距小于丁坝长度 2 倍时，小波和中波条件下的透水桩坝的缓流功能几乎一致。如果丁坝间距增大到丁坝长度的 2 倍，从沿岸流速度减小率的角度看，透水桩坝群在中波条件下的缓流表现比小波条件下的更差。

对于不同的丁坝长度，模拟结果表明，当丁坝长度约为破波带宽度的70%时，在破波带区域内的最大沿岸流速度不能被有效减缓。在波高恒定、波周期增长的情况下，波长增大导致更宽的破波带和更小的丁坝相对破波带宽度的长度比。在破波带内，沿岸流速度减小率随丁坝相对长度的减小而轻微减小。然而，在破波带之外，沿岸流速度显著增大，甚至沿岸流速度峰值位置从破波带区域内转移到破波线位置。此外，当波周期更长时，沿岸流分布范围向海扩散到更远的距离。从平面视角看，当波浪周期是 4 组数值模拟中最大的2.5 s（T 分别为 1 s、1.5 s、2 s、2.5 s）时，增强的沿岸流在丁坝坝头呈带状分布。

通过经物理模型实验结果验证的 SWASH 模型开展数值模拟实验，比较了不同透水桩坝群的平面布局对沿岸流速度与分布的影响。数值模拟结果能够在丁坝的初步设计阶段快速提供对丁坝缓流功能的预测。此外，该经过验证的数值模型可进一步用于研究在更复杂的环境条件下的桩柱丁坝的布局方案。数值模拟实验的结果能够用于完善人们关于透水桩柱丁坝对沿岸流水动力特征影响的理解，并为海岸透水桩坝工程规划与管理过程提供辅助设计和评估的依据。

第六章
结论与展望

6.1 结论

本书通过数值模拟研究了透水桩柱丁坝与波流之间的相互作用。现有的波流模型主要分为两种:相位平均模型和相位解析模型[72]。SWASH 模型是一种相位解析模型,从能够解析波周期内瞬时变量的角度看,优于相位平均模型。此外,在 SWASH 模型中增加计算域的垂直层数比在 Boussinesq 型相位解析模型中增加因变量的导数阶数更简便。因此,本书的研究中采用考虑非静水压力的 SWASH 波流模型作为数值模型。

在近岸水域,透水丁坝的水动力响应由沿岸流主导。数值模拟沿岸流的关键前提是对波浪演化尤其是破波位置的准确捕捉。

本书的研究评估了 SWASH 模型计算波生沿岸流的准确度。模拟了 Visser[24]、Hamilton 和 Ebersole[33]、Reniers 等人[34]开展的 4 种波浪港池实验中的 6 组实验工况,包括沿岸均匀的平直海滩和有沙坝的海岸,分析了由规则波和不规则波生成的沿岸流,并将模拟结果与实验结果进行了对比。在 SWASH 模型中,设置垂直层数和底部粗糙度的系数为常数值,在其他系数未经特定校准的情况下,所有算例均获得了准确的结果。模拟结果与实验结果吻合良好,验证得出相较于 SWASH 模型模拟波生沿岸流的准确度,基于辐射应力理论的一维沿水深平均的沿岸流解析模型仅在校准系数的条件下提供良好的模拟结果。例如,最大沿岸流速度大小取决于底部粗糙度系数,而沿岸流速度横向剖面的形状取决于黏性混合系数。此外,解析模型需要额外的波浪模型计算波浪传播过程。对于波浪演变的计算,必须包含一个特定的水滚模型,利用发生破碎的波峰面与水滚之间的剪切摩擦延迟由波浪破碎引起的动量损失,这样才能准确捕捉沿岸流的起动以及最大沿岸流速度的位置。然而,由于水滚模型引入了额外的专设系数,例如水滚耗散系数等,因此同样需要对齐进行校准。

针对有沙坝的海岸斜坡上的沿岸流分布,沿水深平均的解析模型和沿水深分多层的 SWASH 模型模拟结果表明,最大沿岸流速度出现在坝顶处。这一数值模拟结果与实验测量结果一致,但与在 DELILAH 现场实验中观测到的"最大沿岸流速度位置在沙坝坝谷处"不同。Reniers 等[34]试图通过数值模型模拟沿岸压力梯度和横向混合这两种效应以解释最大沿岸流速度位置偏移的现象。然而,这两种因素都不会影响最大沿岸流速度的位置。在实验室实验和数值模拟中,沿岸流的驱动力仅由波浪产生,而在实际现场,风力和潮汐产生的水动力可以与波浪辐射应力共存。局部驱动力的改变和沿岸水深变化可能是导致最大沿岸流速度位置偏移的原因。因此,目前获得的测量数据尚不能揭示最大沿岸流速度位置偏移现象的背后机制,需要进一步对其开展研究。

多层模式的 SWASH 模型能够预测沿岸流的垂向结构。结果表明,在平直海滩上及纯波浪条件下,破波位置附近的沿岸流速度沿垂向分布均匀。这意味着由波浪引起的强湍流有助于垂直动量混合,从而使沿岸流速度剖面在垂向上保持均匀。随着向岸线的靠近,沿岸流的垂向剖面逐渐从沿水深均匀分布变为沿水深呈对数分布。然而在有沙坝的海岸上,并没有观察到沿岸流沿水深均匀分布的垂向剖面。

本书选择了具有代表性的通过 Hulsbergen 和 ter Horst[5]开展的实验获得的数据集校准系数并验证数值模拟的结果。通过数值实验模拟了丁坝区域内的局部波流场特征,揭示了透水桩柱丁坝的水动力特性。在 Hulsbergen 和 ter Horst[5]的实验中,从整个透水丁坝区域平均相对沿岸流速度减小率的角度看,长丁坝群比短丁坝群缓流功效更好。当长丁坝的透水率为 55%时,相对沿岸流速度减小率为 33%;当短丁坝的透水率为 50%时,沿岸流速度减小率为 43%。鉴于丁坝宽度远小于入射波长以及入射波方向与丁坝轴线方向的夹角很小,因透水桩柱丁坝导致的波浪衰减被限制在非常有限的波影区范围内，因此可以忽略不计。此外，透水桩柱丁坝的高透水率阻碍了丁坝坝田中涡流和回流的发展。

最后，本书通过数值模拟实验比较了透水桩柱丁坝的平面布置及几何特征的影响，研究了透水丁坝参数与沿岸流速度减小率的相关关系。在实验中，丁坝长度介于破波带宽度的69％～109％范围内。模拟结果显示，丁坝长度应与波浪破碎带宽度相当。例如，如果丁坝长度在破波带宽度的99％～109％范围内，破波带内的最大沿岸流速度可以被充分减小。在丁坝长度等于破波带宽度的84％的情况下，最大沿岸流速度可以有效地被减小，但丁坝向海侧坝头位置的沿岸流速度几乎没有被减小。当丁坝长度短至破波带宽度的69％时，最大沿岸流速度减小率与长丁坝相比较小，丁坝向海侧坝头周围的沿岸流速度则显著增大。除了相对丁坝长度，本书对沿岸方向的丁坝间距和丁坝长度也进行了比较研究。如果丁坝的长度和间距的空间比较小(例如1∶1和1∶1.5)，则沿岸流速度减小率对波高不敏感。沿岸流速度减小率与丁坝的空间比成线性关系。当空间比为1∶2时，透水桩柱丁坝群在波高较小的条件下能够更有效地减缓沿岸流速度。

6.2 展望

本书验证了SWASH模型模拟小尺度实验室条件下波生沿岸流的计算能力。然而，对于一个有沙坝的海滩，计算得到的最大沿岸流速位置位于沙坝坝顶，与现场测量结果不同。沿岸流速度最大值位置偏移的原因可能是自然环境中水深的变化和局部驱动力的改变，需要进一步的数据来支持深入的调查与研究。此外，SWASH模型能够通过分层计算沿岸流的垂向结构，可以进一步解析沿岸流的垂向分布特征。文献中常使用对数分布、幂次分布、沿水深均匀分布等模型来拟合沿岸流速度的垂向剖面。关于沿岸流速度的不同垂向分布剖面模型的应用范围可通过进一步的数值模拟确定与完善。

透水桩柱丁坝已被证明可有效减缓沿岸流,因此经验证的数值模型可用于预测在复杂水动力条件下不同配置的透水桩柱丁坝群的水动力特征。可靠准确的数值预测结果可为透水桩柱丁坝的设计提供科学参考,有助于优化透水桩柱丁坝群的布局和配置。

对于透水桩柱丁坝对水流施加阻力的概化方法,当透水桩柱丁坝透水率为50%时,使用Morison方程计算桩柱阻力是准确的;当透水率较小(例如30%)时,模拟计算的沿岸流速度减小率则被低估了。在透水桩柱丁坝密度较大的情况下,考虑空隙效应可以改进模拟结果。原型尺度上丁坝木桩的直径通常为25 cm,远小于入射波长。然而由于模型计算网格的分辨率大于桩柱直径,因此模型计算的是网格上透水桩柱丁坝的平均阻力,而不是在计算网格内解析透水桩柱丁坝本身的阻力。应该对这种概化透水桩柱丁坝阻力的方式与在计算中直接解析透水桩柱丁坝的方式进行进一步的比较。数值模型的计算效率和透水桩柱丁坝的准确刻画需要被进一步分析。准确地模拟透水桩柱丁坝区域内的波流场是模拟透水桩柱丁坝工程施工完成后的地形演变的前提。综合评价透水桩柱丁坝的影响不仅包括水动力变化,还包括岸线响应、地形演变等。模拟透水桩柱丁坝影响下的地形演变将在未来的研究中展开。

透水桩柱丁坝的应用历史已达半个世纪,当前关于透水桩柱丁坝工程的耐久性和海岸防护效果需要进行调查和分析。由于缺乏充足的监测数据,透水桩柱丁坝在极端波浪条件下的适用性仍然是未知的。在极端水动力条件下,主要的问题在于当风暴潮增水伴随大浪,透水桩柱丁坝是否能够提供足够的海岸防护功能并保持其自身结构的稳定性。例如丁坝可能诱发裂流,增强了丁坝两侧沉积物的向海运输,形成沟槽并冲刷桩柱基础。此外,透水桩柱丁坝的主要优点之一是其低建设和维护成本。木质丁坝的平均寿命约为

25年。关于透水桩柱丁坝项目的整个生命周期成本与其他海岸防护措施的成本,例如近十年兴起的巨型海滩养护项目,值得进行对比与分析。关于透水桩柱丁坝与其他措施相结合时的性能,例如透水桩柱丁坝结合沙滩养护的海岸防护效果,需要进行深入调查和对比分析。

参考文献

[1] PERDOK U, CROSSMAN M, VERHAGEN H J, et al. Design of timber groynes [C]// Coastal Structures 2003: Proceedings of the 3rd International Conference. Portland, Oregon, United States, 2003: 1689-1699.

[2] BAKKER W T, HULSBERGEN C H, ROELSE P, et al. Permeable groynes: experiments and practice in the Netherlands[C]// Proceedings of the 19th International Conference on Coastal Engineering. Houston, 1984: 1983-1996.

[3] POFF M T, STEPHEN M F, DEAN R G, et al. Permeable Wood Groins: Case Study on their Impact on the Coastal System[J]. Journal of Coastal Research, 2004, SI(33): 131-144.

[4] TRAMPENAU T, OUMERACI H, DETTE H H. Hydraulic Functioning of Permeable Pile Groins[J]. Journal of Coastal Research, 2004, SI(33): 160-187.

[5] HULSBERGEN C H, TER HORST W. Effect of permeable pile screens on coastal currents[R]. Delft Hydraulics laboratory report M 1148(in Dutch). Delft, 1973.

[6] GALVIN C J, EAGLESON J P S. Experimental study of longshore currents on a plane beach[R]. Hydrodynamics laboratory report 63. Cambridge, MA, USA: Massachusetts Institute of Technology, 1964.

[7] LONGUET-HIGGINS M S. Longshore Currents Generated by Obliquely Incident Sea Waves: 1[J]. Journal of Geophysical Research, 1970, 75(33): 6778-6789.

[8] BASCO D R. Surfzone currents[J]. Coastal Engineering, 1983, 7(4): 331-355.

[9] LONGUET-HIGGINS M S, STEWART R W. Radiation stresses in water waves; a physical discussion, with applications[J]. Deep Sea Research, 1964, 11(4): 529-562.

[10] THORNTON E B, GUZA R T. Transformation of wave height distribution[J]. Journal of Geophysical Research, 1983, 88(C10): 5925-5938.

[11] VISSER P J. Uniform Longshore Current Measurement and Calculations[C]// Proceedings of the 19th International Conference on Coastal Engineering. Houston, 1984: 2192-2207.

[12] TRAMPENAU T, GORICKE F, RAUDKIVI A J. Permeable pile groins[C]// Proceedings of the 25th International Conference on Coastal Engineering. Orlando, 1996: 2142-2151.

[13] KOLP O. Farbsandversuche mit lumineszenten Sanden in Buhnenfeldern. Ein Beitrag zur Hydrographie der Ufernahen Meereszone(in German)[J]. Petermanns Geographischen Mitteilungen, 1970, 114(2).

[14] PRICE W A, TOMLINSON K W, WILLIS D H. Filed tests on two permeable groynes[C]// Proceedings of the 13th International Conference on Coastal Engineering. Houston, 1972: 1312-1325.

[15] ABAM T K S. Control of channel bank erosion using permeable groins[J]. Environmental Geology, 1993, 22(1): 21-25.

[16] DETTE H H, RAUDKIVI A J, OUMERACI H. Permeable Pile Groin Fields[J]. Journal of Coastal Research, 2004, SI(33): 145-159.

[17] MULCAHY S E. Laboratory and numerical studies of a pile cluster groin[D]. Gainesville: University of Florida, 2000.

[18] OSTROWSKI R, PRUSZAK Z, SCHÖNHOFER J, et al. Groins and submerged breakwaters - new modeling and empirical experience[J]. Oceanological and Hydrobiological Studies, 2016, 45(1):20-34.

[19] SHERRARD T R W, HAWKINS S J, BARFIELD P, et al. Hidden biodiversity in cryptic habitats provided by porous coastal defence structures[J]. Coastal Engineering, 2016, 118: 12-20.

[20] VAN LYNDEN P. A Resistible Force: When Man Meets the Sea[M]. Doorn, The Netherlands: Stichting Visual Legacy, 2007.

[21] SMIT P, ZIJLEMA M, STELLING G. Depth-induced wave breaking in a non-hydrostatic, near-shore wave model[J]. Coastal Engineering, 2013, 76: 1-16.

[22] LONGUET-HIGGINS M S. Longshore Current Generated by Obliquely Incident Sea Waves：2[J]. Journal of Geophysical Research，1970，75(33)：6790-6801.

[23] VISSER P J. Laboratory measurements of uniform longshore currents * ：reply to the comments of C . J . Galvin[J]. Coastal Engineering，1992，18(3-4)：341-345.

[24] VISSER P J. Laboratory measurements of uniform longshore currents[J]. Coastal Engineering，1991，15(5-6)：563-593.

[25] VISSER P J. Longshore current flows in a wave basin[C]// Proceedings of the 17th International Conference on Coastal Engineering. Sydney，1980：462-479.

[26] VISSER P J. The proper longshore current in a wave basin[R]. Communications on hydraulics，1982-01. Delft，the Netherlands：Delft University of Technology，1982.

[27] VISSER P J. A mathematical model of uniform longshore currents and the comparison with laboratory data[R]. Communications on Hydraulic Engineering，No. 1984-2. Delft，The Netherlands：TU Delft，1984.

[28] SMITH J M，LARSON M，KRAUS N C. Longshore current on a barred beach：Field measurements and calculation[J]. Journal of Geophysical Research：Oceans，1993，98(C12)：22717-22731.

[29] SVENDSEN I A，PUTREVU U. Nearshore mixing and dispersion[J]. Environmental Science，1994，445(1925)：561-576.

[30] CHEN Q. Boussinesq modeling of longshore currents[J]. Journal of Geophysical Research，2003，108(C11)：1-18.

[31] RIJNSDORP D P，SMIT P B，ZIJLEMA M，et al. Efficient non-hydrostatic modelling of 3D wave-induced currents using a subgrid approach[J]. Ocean Modelling，2017，116：118-133.

[32] HSU C E，HSIAO S C，HSU J T. Parametric Analyses of Wave-Induced Nearshore Current System[J]. Journal of Coastal Research，2017，33(4)：795-801.

[33] HAMILTON D G，EBERSOLE B A. Establishing uniform longshore currents in a large-scale sediment transport facility[J]. Coastal Engineering，2001，42(3)：199-218.

[34] RENIERS A J H M, BATTJES J A. A laboratory study of longshore currents over barred and non-barred beaches[J]. Coastal Engineering, 1997, 30: 1-22.

[35] ZIJLEMA M, STELLING G, SMIT P. SWASH: An operational public domain code for simulating wave fields and rapidly varied flows in coastal waters[J]. Coastal Engineering, 2011, 58(10): 992-1012.

[36] SMAGORINSKY J. General circulation experiments with the primitive equations[J]. Monthly Weather Review, 1963, 91(3): 99-164.

[37] LAUNDER B E, SPALDING D B. The numerical computation of turbulent flows [J]. Computer Methods in Applied Mechanics and Engineering, 1974, 3(2): 269-289.

[38] RIJNSDORP D P, SMIT P B, ZIJLEMA M. Non-hydrostatic modelling of infragravity waves under laboratory conditions[J]. Coastal Engineering, 2014, 85: 30-42.

[39] DE BAKKER A T M, TISSIER M F S, RUESSINK B G. Beach steepness effects on nonlinear infragravity-wave interactions: A numerical study[J]. Journal of Geophysical Research: Oceans, 2016, 121(1): 554-570.

[40] SUZUKI T, ALTOMARE C, VEALE W, et al. Efficient and robust wave overtopping estimation for impermeable coastal structures in shallow foreshores using SWASH[J]. Coastal Engineering, 2017, 122: 108-123.

[41] STIVE M J F, DE VRIEND H J. Shear stresses and mean flow in shoaling and breaking waves[C]// Proceedings of the 24th International Conference on Coastal Engineering. Kobe, 1994: 594-608.

[42] DUNCAN J H. An Experimental Investigation of Breaking Waves Produced by a Towed Hydrofoil[J]. Proceedings of the Royal Society A: Mathematical, Physical and Engineering Sciences, 1981, 377(1770): 331-348.

[43] SVENDSEN I A. Wave heights and set-up in a surf zone[J]. Coastal Engineering, 1984, 8: 303-329.

[44] STIVE M J F. Energy dissipation in waves breaking on gentle slopes[J]. Coastal Engineering, 1984, 8: 99-127.

[45] LIU P L-F, DALRYMPLE R A. Bottom frictional stresses and longshore currents due to waves with large angles of incidence[J]. Journal of Marine Research, 1978, 36: 357-375.

[46] WRIGHT L D, SHORT A D. Morphodynamic variability of surf zones and beaches: A synthesis[J]. Marine Geology, 1984, 56(1-4): 93-118.

[47] FEDDERSEN F, GUZA R T, ELGAR S, et al. Velocity moments in alongshore bottom stress parameterizations[J]. Journal of Geophysical Research, 2000, 105 (C4): 8673-8686.

[48] RENIERS A J H M, THORNTON E B, STANTON T P, et al. Vertical flow structure during Sandy Duck: Observations and modeling[J]. Coastal Engineering, 2004, 51(3): 237-260.

[49] SVENDSEN I A, LORENZ R S. Velocities in combined undertow and longshore currents[J]. Coastal Engineering, 1989, 13(1): 55-79.

[50] CHURCH J C, THORNTON E B. Effects of Breaking Wave-Induced Turbulence within a Longshore-Current Model[J]. Coastal Engineering, 1993, 20(1-2): 1-28.

[51] PUTREVU U, SVENDSEN I A. Vertical Structure of the Undertow Outside the Surf Zone[J]. Journal of Geophysical Research, 1993, 98(C12): 707-729.

[52] OSIECKI D, DALLY W. The influence of rollers on longshore currents[C]// Proceedings of the 25th International Conference on Coastal Engineering. Orlando, 1996: 3419-3430.

[53] RENIERS A. Longshore current dynamics[D]. Delft: Delft University of Technology, 1999.

[54] DALLY W R, BROWN C A. A modeling investigation of the breaking wave roller with application to cross-shore currents[J]. Journal of Geophysical Research, 1995, 100(C12): 24873-24883.

[55] POWER H E, BALDOCK T E, CALLAGHAN D P, et al. Surf Zone States and Energy Dissipation Regimes—a Similarity Model[J]. Coastal Engineering Journal, 2013, 55(1): 1350003.

[56] BATTJES. J. A. Modelling of turbulence in the surfzone[C]// Proc. Symp. Model. Techniques. San Francisco, CA, 1975: 1050-1061.

[57] PUTREVU U, SVENDSEN I A. A Mixing Mechanism In the Nearshore Region [C]// Proceedings of the 23rd International Conference on Coastal Engineering. Venice, 1992: 2758-2771.

[58] BAKKER W T, KLEIN BRETELER E J H, ROOS A. The Dynamics of a Coast with a Groyne System[C]// Proceedings of the 12th International Conference on Coastal Engineering. Washington, D. C. United States, 1970: 1001-1020.

[59] RAUDKIVI A J. Permeable Pile Groins[J]. Journal of Waterway, Port, Coastal, and Ocean Engineering, 1996, 122(6): 267-272.

[60] CROSSMAN M, SIMM J. Sustainable coastal defences-The use of timber and other materials[J]. Proceedings of the Institution of Civil Engineers-Municipal Engineer, 2002, 151(3): 207-211.

[61] RAUDKIVI A J, DETTE H H. Reduction of sand demand for shore protection[J]. Coastal Engineering, 2002, 45(3-4): 239-259.

[62] STRUSIANSKA-CORREIA A. Beach Stabilization at Kołobrzeg, Poland[J]. Journal of Coastal Research, 2014, 71: 131-142.

[63] ABAM T K S. Bank erosion and protection in the Niger delta[J]. Hydrological Sciences Journal, 2009, 38(3): 231-241.

[64] UIJTTEWAAL W S. Effects of Groyne Layout on the Flow in Groyne Fields: Laboratory Experiments[J]. Journal of Hydraulic Engineering, 2005, 131(9): 782-791.

[65] ZIJLEMA M, STELLING G S. Efficient computation of surf zone waves using the nonlinear shallow water equations with non-hydrostatic pressure[J]. Coastal Engineering, 2008, 55(10): 780-790.

[66] ZIJLEMA M, STELLING G S. Further experiences with computing non-hydrostatic free-surface flows involving water waves[J]. International Journal for Numerical Methods in Fluids, 2005, 48(2): 169-197.

[67] DE WIT F, TISSIER M, RENIERS A. Including tidal currents in a wave-resolving

model[J]. Coastal Dynamics, 2017(119): 1638-1648.

[68] BERG D W, WATTS G M. Variations in groin design[C]//Proceedings Santa Barbara specialty conference. ASCE, 1965: 763-797.

[69] KRAUS N C, BATTEN B K. Shoreline Evolution in a Groin Field[C]// Proceedings of the 30th International Conference on Coastal Engineering. San Diego, California, USA, 1994: 1-14.

[70] ZHANG R, STIVE M F. Numerical modelling of hydrodynamics of permeable pile groins using SWASH[J]. Coastal Engineering, 2019, 153: 103558.

[71] SUZUKI T, HU Z, KUMADA K, et al. Non-hydrostatic modeling of drag, inertia and porous effects in wave propagation over dense vegetation fields[J]. Coastal Engineering, 2019, 149: 49-64.

[72] SMIT P, JANSSEN T, HOLTHUIJSEN L, et al. Non-hydrostatic modeling of surf zone wave dynamics[J]. Coastal Engineering, 2014, 83: 36-48.